高压电缆 技术问答

GAOYA DIANLAN
JISHU WENDA

魏力强　徐洪福　主编

中国电力出版社
CHINA ELECTRIC POWER PRESS

内 容 提 要

本书旨在提升高压电缆从业人员技术知识储备，增强高压电缆从业人员的业务能力，切实保障高压电缆线路安全稳定运行水平。

本书针对高压电缆基础知识，设计阶段可研和初设，基建阶段施工、附件安装和验收，运行阶段巡检、防护、检修、局部放电检测和故障测寻等重要环节及关键节点，通过问答形式进行详细阐述，力求全方位体现高压电缆专业全过程精益化管控的要求。

本书可为电缆运检单位管理人员和技术人员、电力相关培训机构提供技术指导，也可作为普通高等院校电气工程和电力系统专业师生以及新入职电力员工的参考用书。

图书在版编目（CIP）数据

高压电缆技术问答 / 魏力强，徐洪福主编 . —北京：中国电力出版社，2019.12（2022.7重印）
ISBN 978-7-5198-4213-0

Ⅰ. ①高… Ⅱ. ①魏…②徐… Ⅲ. ①高压电缆一问题解答 Ⅳ. ① TM247 44

中国版本图书馆 CIP 数据核字（2020）第 018954 号

出版发行：中国电力出版社
地　　址：北京市东城区北京站西街 19 号（邮政编码 100005）
网　　址：http://www.cepp.sgcc.com.cn
责任编辑：陈　倩（010-63412512）
责任校对：黄　蓓　李　楠
装帧设计：张俊霞
责任印制：石　雷

印　　刷：北京天泽润科贸有限公司
版　　次：2020 年 3 月第一版
印　　次：2022 年 7 月北京第三次印刷
开　　本：710 毫米 ×1000 毫米　16 开本
印　　张：5.75
字　　数：88 千字
印　　数：1301—1600册
定　　价：30.00 元

编　委　会

主　　编　魏力强　徐洪福

副 主 编　贾有为　刘晨晨　邢雨辰

编写人员　孙晓林　吴冀鹏　王慧明　李　宁　沈学良　韩卫星
魏志辉　韩晓伟　李宏峰　王　伟　于　海　陈长金
马　涛　张　鹏　李雪松　张瑞峰　王东林　伊晓宇
刘　振　杜旭浩　王智慧　景　皓　何义良

前　　言

由于电力电缆具有供电可靠性高、输送容量大且不易受外界环境干扰等优点，电力电缆在城市供电网中得到了广泛应用。近几年，随着城市化进程不断加速，加之城市核心区域供电可靠性的高要求，城市电网的电缆化率持续攀升，高压电缆设备总量保持年均10%的比例快速增长。加强电力电缆专业特别是高压电缆专业在可研、初设、施工、验收、运维、检修等环节的全过程管控，显得尤为重要。

为满足高压电缆专业从业和学习人员快速掌握高压电缆专业常用基础知识和设计、基建、运行阶段重要环节和关键节点管控能力，由国网河北省电力有限公司电力科学研究院魏力强组织编写了本书。该书以问答形式对上述知识进行了详解和说明，可为电缆运检单位管理人员和技术人员、电力相关培训机构提供技术指导，也可作为普通高等院校电气工程和电力系统专业师生以及新入职电力员工的参考用书，力求帮助读者快速获取高压电缆线路工程相关知识，提高业务水平。

本书内容分为四章。其中，第一章由国网沧州供电公司徐洪福、刘晨晨、王伟、于海，国网邢台供电公司吴冀鹏、张瑞峰及国网河南新乡供电公司王智慧共同编写；第二章由国网邯郸供电公司贾有为、韩卫星、李雪松、马涛和国网衡水供电公司李宁、何义良共同编写；第三章由国网石家庄供电公司王慧明、李宏峰，国网湖北十堰供电公司王东林，国网雄安供电公司沈学良、孙晓林及国网邢台内丘供电公司魏志辉共同编写；第四章由国网河北省电力有限公司电力科学研究院魏力强、张鹏、杜旭浩、伊晓宇和国网保定供电公司邢雨辰共同编写。友惠线缆有限公司韩晓伟、国网河北省电力有限公司电力科学研究院刘振、景皓和国网河北培训中心陈长金在本书编写过程中提出了诸多宝贵修改意见并协助完成书稿数次修改工作。

由于编者水平有限，书中仍难免存在不足之处，恳切希望读者提出宝贵意见。

编者

2019年12月

目　　录

前言

第一章　基础知识 ………………………………………… 1

第二章　设计阶段 ………………………………………… 10

　　第一节　可研阶段 ………………………………………… 10

　　第二节　初设阶段 ………………………………………… 17

第三章　基建阶段 ………………………………………… 25

　　第一节　施工阶段 ………………………………………… 25

　　第二节　附件安装 ………………………………………… 32

　　第三节　验收阶段 ………………………………………… 50

第四章　运行阶段 ………………………………………… 58

　　第一节　电缆及通道巡检 ………………………………… 58

　　第二节　电缆及通道防护 ………………………………… 65

　　第三节　电缆及通道检修 ………………………………… 68

　　第四节　电缆局部放电检测 ……………………………… 71

　　第五节　电缆故障测寻 …………………………………… 77

第一章 基 础 知 识

1. 电力电缆线路由哪些部分构成？

答：

（1）电缆本体，指除去电缆接头和终端等附件以外的电缆线段部分。

（2）电缆附件，指电缆终端和电缆接头。

（3）附属设备，指避雷器、接地装置、在线监测装置等电缆线路附属装置。

（4）附属设施，指电缆支架、标识标牌、防火设施、防水设施、电缆终端站等电缆线路附属部件。

（5）电缆通道，指隧道、电缆沟、排管、直埋、电缆桥、电缆竖井等电缆线路的土建设施。

命题依据：

Q/GDW 1512—2014《电力电缆及通道运维规程》

2. 额定电压110kV及以上交联聚乙烯绝缘电力电缆的命名方法是什么？

答：

（1）命名用型号、规格和标准编号表示。

（2）型号依次由绝缘（交联聚乙烯绝缘代号为YJ）、导体（铜导体代号省略、铝导体代号为L）、金属护套（铅套代号为Q、皱纹铝套代号为LW）、非金属外护套（聚氯乙烯外护套代号为02、聚乙烯外护套代号为03）或通用外护层以及阻水结构的代号构成。

（3）规格由额定电压、芯数、标称截面构成，以字母和数字为代号组合表示。

命题依据：

《国家电网公司生产技能人员职业能力培训专用教材　输电电缆》

3. 以 YJLW02-Z 64/110 1×630 电力电缆为例，说明高压电缆的结构（由内向外）。

答：

（1）铜导体（线芯）。

（2）内半导电屏蔽层。

（3）交联聚乙烯绝缘层。

（4）外半导电屏蔽层。

（5）纵向阻水带。

（6）皱纹铝护套。

（7）沥青。

（8）聚氯乙烯护套。

（9）石墨层（或半导电层）。

命题依据：

《国家电网公司生产技能人员职业能力培训专用教材　输电电缆》

4. 交联聚乙烯绝缘电力电缆的优点有哪些？

答：

（1）有高的电气性能，击穿强度高、绝缘电阻大、介质损耗正切值低、介电常数小。

（2）长期允许工作温度高，输电容量大。

（3）质量轻。

（4）适宜使用在垂直、高落差和有振动的场所。

（5）耐腐蚀性能好。

命题依据：

《11-048 职业技能鉴定指导书　电力电缆（第二版）》

5. 交联聚乙烯绝缘电力电缆的线芯为什么采用紧压型？

答：

(1) 使外表面光滑，防止导丝效应，避免引起电场集中。

(2) 防止挤塑半导体电屏蔽层时半导体电材料进入线芯。

(3) 可有效防止水分顺线芯进入。

(4) 有利弯曲。

命题依据：

《11-048 职业技能鉴定指导书 电力电缆（第二版）》

6. 交联聚乙烯绝缘电缆内半导电屏蔽层有什么作用？

答：

(1) 线芯表面采用半导电屏蔽层可以起到均匀线芯表面不均匀电场。

(2) 防止内屏蔽与绝缘层间接触不紧而产生气隙，提高电缆起始放电电压。

(3) 抑制电树或水树生长。

(4) 通过半导体屏蔽层热阻的分温作用，使主绝缘温升下降，起到热屏蔽的作用。

命题依据：

《11-048 职业技能鉴定指导书 电力电缆（第二版）》

7. 电力电缆应采用何种生产工艺？哪些线路的电缆应进行监造和工厂验收？

答：

(1) 10kV 及以上电压等级电力电缆应采用干法化学交联的生产工艺，110（66）kV 及以上电压等级电力电缆应采用悬链式或立塔式三层共挤的生产工艺。

(2) 对 220kV 及以上电压等级电缆、110（66）kV 及以下电压等级重要线路的电缆，应进行监造和工厂验收。

命题依据：

《国家电网有限公司十八项电网重大反事故措施》（国家电网设备〔2018〕979号）

8. “三层共挤”指哪三层？有何优点？

答：“三层共挤”指电缆绝缘内、外半导电屏蔽层和绝缘层采用三层一次挤出方式生产。其优点是：

（1）可以防止在主绝缘层与导体屏蔽，以及主绝缘层与绝缘屏蔽之间引入外界杂质。

（2）在制造过程中防止导体屏蔽和主绝缘层可能发生的意外损伤，因而可以避免由于半导电屏蔽层受到机械损伤而形成突刺。

（3）使内外屏蔽与主绝缘层紧密结合在一起，从而提高起始游离放电电压。

命题依据：

《11-048职业技能鉴定指导书　电力电缆（第二版）》

9. 单芯电缆为什么不采用钢带铠装？

答：

（1）在载流导体的周围存在着磁场，而且磁力线的多少与通过载流导体的电流成正比。

（2）由于钢带属于磁性材料，具有较高的磁导率，当导体流过电流时，磁力线将沿钢带流通。

（3）单芯电缆只能通过一相电流，在电流通过时，在钢带中产生交变的磁力线，根据电磁感应原理，钢带中会产生涡流，造成电缆温度升高。

命题依据：

《11-048职业技能鉴定指导书　电力电缆（第二版）》

10. 电力电缆为什么要焊接地线？

答：

由于电缆的金属护套与线芯是绝缘的，当电缆发生绝缘击穿或线芯中流过较大故障电流时，金属护套的感应电压可能使得内衬层击穿，引起电弧，直到将金属护套烧熔成洞。为了消除这种危害，必须将金属护套、铠装层电缆头外壳和法兰支架等用导线与接地网连通。

命题依据：

《11-048 职业技能鉴定指导书　电力电缆（第二版）》

11. 什么是电缆终端、电缆接头？

答：

（1）电缆终端是指安装在电缆末端，以使电缆与其他电气设备或架空输配电线路相连接，并维持绝缘直至连接点的装置。

（2）电缆接头是指连接电缆与电缆的导体、绝缘、屏蔽层和保护层，以使电缆线路连续的装置。

命题依据：

Q/GDW 1512—2014《电力电缆及通道运维规程》

12. 交联聚乙烯绝缘电缆附件在电气绝缘上应考虑哪些因素？

答：

（1）电缆附件所用材料的绝缘电阻、介质损耗、介电常数、击穿强度，以及与结构确定的最大工作场强应满足不同电压等级电缆的使用要求。

（2）应考虑干闪距离、湿闪距离、爬电距离等。

（3）有机材料作为外绝缘时，还应考虑抗漏电痕迹、抗腐蚀性、自然老化等性能。

命题依据：

DL/T 5221—2016《城市电力电缆线路设计技术规定》

13. 绝缘接头与直通接头相比有何异同？能否互为代用？

答：

（1）绝缘接头的结构和工艺尺寸与直通接头大致相同，不同之处在于绝缘接头的增绕绝缘外缠绕的外屏蔽和金属屏蔽层只分别与两侧电缆本体的对应部分接通，而彼此之间必须隔开，并且绝缘接头的铜外壳间亦必须用绝缘材料隔开，因此能用于需要隔断外护层的单芯电缆的连接。

（2）直通接头不能代替绝缘接头使用，因为直通接头的增绕绝缘外缠绕的外屏蔽和金属屏蔽层是连通的，没有隔断电缆的外护层。而绝缘接头能代替直通接头使用，只需施工时将两端的外屏蔽和金属屏蔽层以及铜外壳的两个接地端连通就可，已投入运行的绝缘接头只需将铜外壳的两个接地端连通。

命题依据：

《11-048 职业技能鉴定指导书　电力电缆（第二版）》

14. 为什么铝线芯导体只能配铝接头压接，而不能配铜接头？

答：

（1）铜和铝两种金属标准电极电位相差较大。

（2）当有电介质存在时，将形成以铝为负极，铜为正极的原电池，使铝产生电化学腐蚀，从而使接触电阻增大。

（3）由于铜铝的弹性模数和热膨胀系数相差很大，在运行中经多次冷热（通电与断电）循环后，会使接点处产生较大间隙，影响接触而产生恶性循环。

命题依据：

《11-048 职业技能鉴定指导书　电力电缆（第二版）》

15. 交联聚乙烯电缆工作温度和载流量应符合哪些要求？

答：

（1）交联聚乙烯电缆线路正常运行时导体允许的长期最高运行温度为90℃，短路时铜导体允许的最高工作温度为250℃，铝导体允许的最高工作温度为200℃。

（2）电缆线路的载流量应根据电缆导体的允许工作温度、电缆各部分的损耗和热阻、敷设方式、并列回路数、环境温度以及散热条件等计算确定。

（3）电缆线路不应过负荷运行。

命题依据：

Q/GDW 1512—2014《电力电缆及通道运维规程》

16. 交联聚乙烯电缆敷设和运行时的最小弯曲半径是如何规定的？

答：

（1）110（66）kV及以上电缆和35kV及以下无铠装单芯电缆敷设时的最小弯曲半径为20倍的电缆外径，运行时的最小弯曲半径为15倍的电缆外径。

（2）35kV及以下有铠装单芯电缆和无铠装三芯电缆敷设时的最小弯曲半径为15倍的电缆外径，运行时的最小弯曲半径为12倍的电缆外径。

（3）35kV及以下有铠装三芯电缆敷设时的最小弯曲半径为12倍的电缆外径，运行时的最小弯曲半径为10倍的电缆外径。

命题依据：

Q/GDW 1512—2014《电力电缆及通道运维规程》

17. 什么是接地装置、接地箱？什么是电缆护层过电压限制器？

答：

（1）接地装置是指与电缆金属屏蔽（金属套）层相连接，将接地电流进行分流的装置。

（2）接地箱是指用于单芯电缆线路中，为降低电缆护层感应电压，将电缆的金属屏蔽（金属套）直接接地或通过过电压限制器后接地的装置。接地箱有电缆护层直接接地箱、电缆护层保护接地箱两种，其中电缆护层保护接地箱中装有护层过电压限制器。

（3）电缆护层过电压限制器是指串接在电缆金属屏蔽（金属套）和大地之

间，用来限制在系统暂态过程中金属屏蔽层电压的装置。

命题依据：

Q/GDW 1512—2014《电力电缆及通道运维规程》

18. 单芯电缆的金属护套或屏蔽层上任一点非接地处的正常感应电压应符合哪些要求?

答：

(1) 未采取能防止人员任意接触金属护套或屏蔽层的安全措施时，满载情况下不得大于50V。

(2) 采取能防止人员任意接触金属护套或屏蔽层的安全措施时，满载情况下不得大于100V。

命题依据：

Q/GDW 1512—2014《电力电缆及通道运维规程》

19. 什么是交叉互联箱？什么是回流线？

答：

(1) 交叉互联箱是指用于在长电缆线路中，为降低电缆护层感应电压，依次将一相绝缘接头一侧的金属套和另一相绝缘接头另一侧的金属套相互连接后再集中分段接地的一种密封装置。其主要结构包括护层过电压限制器、接地排、换位排、公共接地端子等。

(2) 回流线是指单芯电缆金属屏蔽（金属套）单端接地时，为抑制单相接地故障电流形成的磁场对外界的影响和降低金属屏蔽（金属套）上的感应电压，沿电缆线路敷设的一根阻抗较低的接地线。

命题依据：

Q/GDW 1512—2014《电力电缆及通道运维规程》

20. 35kV及以上单芯电缆金属护套或屏蔽层单点直接接地时，哪种情况下宜考虑沿电缆邻近平行敷设一根两端接地的绝缘回流线？

答：

（1）系统短路时电缆金属护套或屏蔽层上的工频感应电压，超过电缆金属护层绝缘耐受强度或过电压限制器的工频耐压。

（2）需抑制电缆对邻近弱电线路的电气干扰强度。

命题依据：

Q/GDW 1512—2014《电力电缆及通道运维规程》

21. 什么是非开挖定向钻拖拉管？

答：

非开挖定向钻拖拉管是指通过非开挖定向钻技术敷设的电力电缆管道。

命题依据：

Q/GDW 1512—2014《电力电缆及通道运维规程》

第二章　设　计　阶　段

第一节　可　研　阶　段

22. 高压电缆及通道工程在可研阶段，运维单位应审查可研方案的哪些要点？

答：

（1）电缆路径，电缆通道及断面，电缆及通道分级。

（2）电缆及附件选型，电缆安全运行及运检需求。

（3）在线监测（控）系统、安全防护、辅控系统等附属设备，防火设施等附属设施。

（4）方案收资及概算费用。

命题依据：

《高压电缆及通道工程生产准备及验收工作审查要点》（运检二〔2017〕104号附录）

23. 高压电缆及通道工程在可研阶段，电缆路径应审查哪些要点？

答：

（1）电缆路径应合法，满足安全运行要求。

（2）电缆线路路径、附属设备及设施（地上接地箱、出入口、通风亭等）的设置应通过规划部门审批。

（3）应避免电缆通道邻近热力管线、易燃易爆管线（输油、燃气）和腐蚀性介质的管道。

（4）电缆路径不应进入规划红线范围。

命题依据：

《高压电缆及通道工程生产准备及验收工作审查要点》（运检二〔2017〕104号附录）

《国家电网有限公司十八项电网重大反事故措施》（国家电网设备〔2018〕979号）

24. 高压电缆及通道工程在可研阶段，电缆通道的选型应审查哪些要点？

答：

（1）500（330）kV电缆线路、6回路及以上高压电缆线路应采用隧道型式；变电站进出线、回路集中区域、电缆数量在18根及以上或局部电力走廊紧张情况宜采用隧道型式。

（2）与公路、铁路交叉时，宜采用排管或隧道型式；房屋及广场的地段、规划作为道路的地段、机动车重载的地段（例如穿越道路、绿化带、小型建筑物等）宜采用排管型式。

（3）220kV及以上电压等级电缆排管不应采用非开挖拖拉管。应避免连续采用非开挖，非开挖不宜过长。

命题依据：

《国家电网公司高压电缆专业管理规定》（国家电网运检〔2016〕1152号）

《高压电缆及通道工程生产准备及验收工作审查要点》（运检二〔2017〕104号附录）

25. 高压电缆及通道工程在可研阶段，电缆通道应审查哪些要点？

答：

（1）电缆通道、夹层及管孔等应满足电缆弯曲半径的要求。

（2）排管路径尽量保持直线，减少转弯。

（3）应进行牵引力和侧压力计算，必要时加设直通接头。

命题依据：

《高压电缆及通道工程生产准备及验收工作审查要点》（运检二〔2017〕104号附录）

《国家电网有限公司十八项电网重大反事故措施》（国家电网设备〔2018〕979号）

26. 高压电缆及通道工程在可研阶段，电缆通道断面应审查哪些要点？

答：

（1）变电站内同一电源的110（66）kV及以上电压等级电缆线路同通道敷设时应两侧布置。

（2）中性点非有效接地方式且允许带故障运行的电力电缆线路不应与110kV及以上电压等级电缆线路共用隧道、电缆沟、综合管廊电力舱。

（3）原则上110（66）kV及以上与35kV及以下电压等级电缆线路宜分开敷设。重要变电站和重要用户的双路电源电缆不宜同通道敷设。

（4）电缆通道断面占有率应合理，避免电缆密集敷设。密集敷设的电缆通道，原则上不允许新增电缆进入。

命题依据：

《国家电网有限公司十八项电网重大反事故措施》（国家电网设备〔2018〕979号）

《高压电缆及通道工程生产准备及验收工作审查要点》（运检二〔2017〕104号附录）

Q/GDW 1512—2014《电力电缆及通道运维规程》

27. 110（66）kV及以上电缆通道如何分级？

答：

（1）一级高压电缆通道：因通道原因可造成4级及以上电网事件的高压电缆通道；因通道原因可造成220kV及以上变电站全停的高压电缆通道，或造成3座及以上110（66）kV变电站全停的高压电缆通道；因通道原因可造成特级和一级客户（含各电压等级电缆直供）失电的高压电缆通道。

（2）二级高压电缆通道：因通道原因可造成5级电网事件的高压电缆通道；因通道原因可造成2座及以下110（66）kV变电站全停的高压电缆通道；一级电缆所在的通道，且不会因通道原因造成该一级电缆直供变电站或客户失电的高压电缆通道；因通道原因可造成二级客户（含各电压等级电缆直供）失电的高压电缆通道。

（3）三级高压电缆通道：未列入一、二级的电缆通道。

命题依据：

《110（66）kV及以上电缆及通道分级标准》

28. 高压电缆及通道工程在可研阶段，应如何选择电缆和附件的型式和生产厂家？

答：

（1）应按照全寿命周期管理的要求，根据线路输送容量、系统运行条件、电缆路径、敷设方式和环境等合理选择电缆和附件结构型式。

（2）应优先选择具有良好运行业绩和成熟制造经验的生产厂家。

命题依据：

《国家电网有限公司十八项电网重大反事故措施》（国家电网设备〔2018〕979号）

29. 高压电缆及通道工程在可研阶段，电缆及附件选型应审查哪些要点？

答：

（1）电缆导体和金属护套截面应满足输送容量及系统短路容量的要求。

（2）110（66）kV及以上电压等级同一受电端的双回或多回电缆线路应选用不同生产厂家的电缆、附件。

（3）110（66）kV及以上电压等级电缆的GIS终端和油浸终端宜选择插拔式，人员密集区域或有防爆要求的场所应选择复合套管终端。

（4）110（66）kV及以上电压等级电缆线路不应选择户外干式柔性终端。

（5）110（66）kV及以上电压等级电缆在隧道、电缆沟、变电站内、桥梁内应选用阻燃电缆，其成束阻燃性能应不低于C级。

（6）运行在潮湿或浸水环境中的110（66）kV及以上电压等级的电缆应有纵向阻水功能，电缆附件应密封防潮。35kV及以下电压等级电缆附件的密封防潮性能应能满足长期运行需要。

（7）腐蚀性较强的区域应选用铅包电缆。

（8）户外终端应满足当地污秽等级要求，GIS终端的结构和尺寸应和变电设备相匹配。

命题依据：

《国家电网有限公司十八项电网重大反事故措施》（国家电网设备〔2018〕979号）

《高压电缆及通道工程生产准备及验收工作审查要点》（运检二〔2017〕104号附录）

30. 高压电缆及通道工程在设计阶段，应充分考虑哪些电缆安全运行及运检需求？

答：

（1）设计阶段应充分考虑耐压试验作业空间、安全距离，在GIS电缆终端与线路隔离开关之间宜配置试验专用隔离开关，并根据需求配置GIS试验套管。

（2）应满足运行及检修作业时足够的安全距离。应充分考虑电缆交接试验的可行性，确保试验车辆进出通道、试验设备摆放及作业空间等。

（3）110（66）kV及以上电缆线路主绝缘交流耐压试验期间应同步开展局部放电检测。

命题依据：

《国家电网有限公司十八项电网重大反事故措施》（国家电网设备〔2018〕979号）

《高压电缆及通道工程生产准备及验收工作审查要点》（运检二〔2017〕104

号附录）

31. 高压电缆及通道工程在可研阶段，在线监测（控）系统、安防、辅控系统等附属设备设置应审查哪些要点？

答：

（1）变电站夹层宜安装温度、烟气监视报警器，重要的电缆隧道应安装火灾探测报警装置，并应定期检测。

（2）电缆终端场站、隧道出入口、重要区域的工作井井盖应有安防措施，并宜加装在线监控装置。户外金属电缆支架、电缆固定金具等应使用防盗螺栓。

（3）隧道内高压电缆线路应配置测温、接地环流等监测装置。

（4）隧道应设置消防报警、通风、排水、通信、气体监测等装置，宜配置视频监测、水位监控等装置。

（5）电缆隧道应配备无线通信系统。

（6）长隧道中宜每隔适当距离设置紧急出入口。

命题依据：

《高压电缆及通道工程生产准备及验收工作审查要点》（运检二〔2017〕104号附录）

《国家电网有限公司十八项电网重大反事故措施》（国家电网设备〔2018〕979号）

32. 高压电缆及通道工程在设计和基建阶段，防火设施应审查哪些要点？

答：

（1）电缆线路的防火设施必须与主体工程同时设计、同时施工、同时验收，防火设施未验收合格的电缆线路不得投入运行。

（2）与电力电缆同通道敷设的低压电缆、通信光缆等应穿入阻燃管，或采取其他防火隔离措施。应开展阻燃电缆阻燃性能到货抽检试验，以及阻燃防火材料（防火槽盒、防火隔板、阻燃管）防火性能到货抽检试验，并向运维单位提供抽检报告。

（3）非直埋电缆接头的外护层及接地线应包覆阻燃材料，敷设密集的10～35kV电缆的接头应用耐火防爆槽盒封闭。密集区域（4回及以上）的110（66）kV及以上电压等级电缆接头应选用防火槽盒、防火隔板、防火毯、防爆壳等防火防爆隔离措施。

（4）隧道、竖井、变电站电缆层应采取防火墙、防火隔板及封堵等防火措施。防火墙、阻火隔板和阻火封堵应满足耐火极限不低于1h的耐火完整性、隔热性要求。建筑内的电缆井在每层楼板处采用不低于楼板耐火极限的不燃材料或防火封堵材料封堵。

命题依据：

《国家电网有限公司十八项电网重大反事故措施》（国家电网设备〔2018〕979号）

33. 高压电缆及通道工程在可研阶段，方案收资及概算费用应审查哪些要点？

答：

（1）设计单位应完成电缆路径沿线土壤地质、地面环境和地下管线等可研方案编制需要的收资工作。利用原有通道的项目方案应完成通道内现状的收资工作。

（2）应审查终端站（塔）围墙/围栏及内部地坪水泥硬化、在线监测（控）系统、开井核查、竣工试验（耐压同步局部放电）、改接工程调换原有铭牌、搬迁通道内电力电缆及其余市政管线、开挖路面和绿化带的赔偿、电缆线路及通道三维测量等费用是否列支。

命题依据：

《高压电缆及通道工程生产准备及验收工作审查要点》（运检二〔2017〕104号附录）

Q/GDW 1512—2014《电力电缆及通道运维规程》

第二节 初 设 阶 段

34. 高压电缆及通道工程在初设阶段，运维单位应审查初设方案的哪些要点?

答:

（1）初设深度。

（2）可研阶段修改意见的落实。

（3）电缆的排列布置和分段长度，电缆通道的布置及埋深，工作井、隧道、排管、终端站（塔）等的设计。

（4）在线监测（控）系统、安防、辅控系统等附属设备的设计，电缆通道附属设施的设计，接地系统的设计。

命题依据:

《高压电缆及通道工程生产准备及验收工作审查要点》（运检二〔2017〕104号附录）

35. 高压电缆及通道工程在初设阶段，为确保初设深度满足要求，应做好哪些工作?

答:

（1）设计单位应完成现场勘探。

（2）设计方案经过优化比较、论证和确定。

（3）通道路径的规划部门批准文件及有关协议应落实。

（4）主要设备型号及材料用量应明确。

（5）应进行工程投资分析。

命题依据:

《高压电缆及通道工程生产准备及验收工作审查要点》（运检二〔2017〕104号附录）

36. 高压电缆及通道工程在初设阶段，为落实可研阶段的修改意见，应做好哪些工作？

答：

（1）对应可研评审纪要，核查相关意见和建议的落实情况，没有落实到位的应继续加强督促。

（2）初设方案如果与可研方案存在较大差异的，应督促项目单位执行重大设计变更流程，对变更内容进行重新审查。

命题依据：

《高压电缆及通道工程生产准备及验收工作审查要点》（运检二〔2017〕104号附录）

37. 高压电缆及通道工程在初设阶段，电缆排列布置应审查哪些要点？

答：

（1）电缆的敷设断面（孔位）已经电缆运维部门同意并符合运行要求。

（2）三相单芯电缆应采用三角形或一字形布置。

（3）同一通道内不同电压等级的电缆，应按照电压等级的高低从下向上排列，分层敷设在电缆支架上。

（4）电力电缆和控制电缆不应配置在同一层支架上，通信光缆应布置在最上层。

（5）排管的孔数应满足规划需要，并保留一定的裕度（预留检修孔）。

（6）隧道、沟槽和竖井内电缆应采取蛇形布置。

命题依据：

《高压电缆及通道工程生产准备及验收工作审查要点》（运检二〔2017〕104号附录）

《国家电网有限公司十八项电网重大反事故措施》（国家电网设备〔2018〕979号）

Q/GDW 1512—2014《电力电缆及通道运维规程》

38. 高压电缆及通道工程在初设阶段，电缆分段长度应审查哪些要点？

答：

（1）合理安排电缆段长，尽量减少电缆接头的数量，严禁在变电站电缆夹层、出站沟道、竖井和 50m 及以下桥架等区域布置电力电缆接头。

（2）110（66）kV 电缆非开挖定向钻拖拉管两端工作井不宜布置电力电缆接头。

（3）排管内电缆的单段长度不宜超过 600m，隧道内不宜超过 700m。

（4）采用交叉互联系统的电缆线路，电缆的换位段设置应均衡，三个换位小段长度差应满足要求。

命题依据：

《国家电网有限公司十八项电网重大反事故措施》（国家电网设备〔2018〕979 号）

《高压电缆及通道工程生产准备及验收工作审查要点》（运检二〔2017〕104 号附录）

39. 高压电缆及通道工程在初设阶段，电缆通道的布置及埋深应审查哪些要点？

答：

（1）电缆通道宜布置在人行道、非机动车道及绿化带下方，通风口、工作井口、互联箱应布置在人行道、非机动车道及绿化带下方。

（2）电缆通道的埋设深度应不小于 700mm，如不能满足要求应采取保护措施；与其他管线、铁路、建筑物等之间的最小距离应满足设计规范的要求，不满足时应采取隔离措施。

（3）电缆通道位于河边等土质不稳定区域时应采取加固措施。

（4）在未建成区新建电缆通道，应充分考虑周边区域规划及标高（防止通道被覆盖或后续有大型施工影响电缆安全运行）。

命题依据：

《高压电缆及通道工程生产准备及验收工作审查要点》（运检二〔2017〕104号附录）

《国家电网公司高压电缆专业管理规定》（国家电网运检〔2016〕1152号）

40. 高压电缆及通道工程在初设阶段，工作井的设计应审查哪些要点？

答：

（1）工作井应采用钢筋混凝土结构，设计使用年限不应低于50年，防水等级不应低于二级，隧道工作井按隧道建设标准执行。

（2）设置在绿化带内时，工作井出口处高度应高于绿化带地面不小于300mm。

（3）工作井尺寸应考虑电缆弯曲半径的要求。接头工作井尺寸应满足接头作业、接头布置、敷设作业以及抢修的要求。

（4）工作井的凸头应设置合理，排管接入工作井部分应垂直于工作井端墙。

（5）三通及以上工作井不应设置电缆接头。

（6）井盖应设置二层子盖，满足防水、防盗、防位移、防坠落等要求。二层子盖宜选用复合材料。

命题依据：

《高压电缆及通道工程生产准备及验收工作审查要点》（运检二〔2017〕104号附录）

Q/GDW 1512—2014《电力电缆及通道运维规程》

41. 高压电缆及通道工程在初设阶段，隧道的设计应审查哪些要点？

答：

（1）隧道应采用钢筋混凝土结构，主体结构设计使用年限不应低于100年，防水等级不应低于二级。

（2）隧道的吊物孔及人孔位置应满足施工和运行要求。

（3）隧道的检修通道符合设计规范标准。

（4）隧道与其他通道的连接方式合理。

（5）隧道的出入口、通风口等宜高于地面 500mm，并设置防倒灌措施。

（6）隧道的总体标高应避免较大起伏造成局部容易积水。

命题依据：

《高压电缆及通道工程生产准备及验收工作审查要点》（运检二〔2017〕104号附录）

Q/GDW 1512—2014《电力电缆及通道运维规程》

42. 高压电缆及通道工程在初设阶段，综合管廊电力舱的设计应审查哪些要点？

答：

（1）综合管廊中电力舱应采用独立舱体建设。

（2）电力舱不宜与天然气管道舱、热力管道舱紧邻布置。

（3）电力舱应设置独立的接地系统。

（4）电力舱的附属设备、设施的建设应满足规程要求。

命题依据：

《国家电网有限公司十八项电网重大反事故措施》（国家电网设备〔2018〕979 号）

《国家电网有限公司高压电缆专业管理规定》（国家电网运检〔2016〕1152 号）

43. 高压电缆及通道工程在初设阶段，排管的设计应审查哪些要点？

答：

（1）排管在转弯和折角处，应增设工作井。在直线部分，两工作井之间的距离不宜大于 150m。

（2）排管的内径不宜小于电缆外径或多根电缆包络外径的 1.5 倍，一般不宜小于 150mm。

（3）排管在 10%以上的斜坡中，应在标高较高一端的工作井内设置防止电缆因热伸缩而滑落的构件。

(4) 35～220kV 排管和 18 孔及以上的 6～20kV 排管应采取（钢筋）混凝土全包封防护。排管与工作井交接处应采用 1m 长混凝土包封，以防顺排管外壁渗水。

(5) 排管管孔应考虑封堵措施及费用，包括敷设电缆的管孔。排管内所有管孔（含已敷设电缆）和电缆通道与变、配电站（室）连接处均应采用阻水法兰等措施进行防水封堵。

(6) 用于敷设单芯电缆的管材应选用非铁磁性材料。

命题依据：

《高压电缆及通道工程生产准备及验收工作审查要点》（运检二〔2017〕104 号附录）

Q/GDW 1512—2014《电力电缆及通道运维规程》

44. 高压电缆及通道工程在初设阶段，终端站（塔）的设计应审查哪些要点？

答：

(1) 110kV 及以上电力电缆站外户外终端应有检修平台，并满足高度和安全距离要求。

(2) 高压电缆户外终端优先设置在站内。

(3) 应具备单回检修的作业空间，并保证足够的安全距离。

(4) 终端站（塔）应设置围墙/围栏等防盗、防入侵措施，内部地坪应采用水泥硬化。

(5) 应确保运维人员能够正常开展电缆设备检测、检修工作。电缆终端区域都应有便道与市政道路相连，便于运检车辆到达终端所在区域。

(6) 终端塔下方宜留有一定的放置余缆的空间。

(7) 电缆架空线引线应经支撑绝缘子连到电缆终端。

(8) 采用终端塔形式，应设置上下爬梯，登杆装置应采用典型设计。

命题依据：

《国家电网有限公司十八项电网重大反事故措施》（国家电网设备〔2018〕

979 号）

《高压电缆及通道工程生产准备及验收工作审查要点》（运检二〔2017〕104 号附录）

Q/GDW 1512—2014《电力电缆及通道运维规程》

45. 高压电缆及通道工程在初设阶段，电缆隧道照明、通风、排水、监控用低压配电系统的设计应审查哪些要点？

答：

（1）应采用双电源供电，每路电源均应满足该供电范围内全部设备同时投运时用电的需求。照明、插座、风机、水泵及消防控制箱回路均应接自不同回路。

（2）电源分电箱和低压配电箱外壳防护等级不应低于 IP56，安装高度宜为箱底距地面 1.5m。箱内每回路宜设漏电保护装置。

命题依据：

《国家电网公司高压电缆专业管理规定》（国家电网运检〔2016〕1152 号）

46. 高压电缆及通道工程在初设阶段，电缆支架、夹具等附属设施的设计应审查哪些要点？

答：

（1）110（66）kV 及以上电缆的支架应满足电缆蛇形敷设的要求。

（2）110（66）kV 及以上高压电缆应采用金属支架，工作电流大于 1500A 的高压电缆应采用非导磁金属支架。

（3）户外电缆金属支架、电缆固定金具等应使用防盗螺栓。

（4）交流单芯电缆的固定夹具应采用非铁磁性材料。

命题依据：

《高压电缆及通道工程生产准备及验收工作审查要点》（运检二〔2017〕104 号附录）

《国家电网有限公司十八项电网重大反事故措施》（国家电网设备〔2018〕

979号）

47. 高压电缆及通道工程在初设阶段，接地系统的设计应审查哪些要点？

答：

（1）电缆主绝缘、单芯电缆的金属屏蔽层、金属护层应有可靠的过电压保护措施。

（2）统包型电缆的金属屏蔽层、金属护层应两端直接接地。

（3）高压电缆线路宜采用交叉互联换位系统。对于较短的线路，可采用中间一点接地或单端接地加回流线方式。

（4）通常变电站端设置直接接地，用户站端设置经保护器接地。一端在站内另一端在站外的高压电缆线路，站内端应设置为直接接地，站外设置为保护接地。

（5）接地线和回流线的截面积应满足系统短路容量要求。

（6）电缆单段长度应合理，换位段设置应均衡，3个换位小段长度差应不会导致感应电流超标。

命题依据：

《高压电缆及通道工程生产准备及验收工作审查要点》（运检二〔2017〕104号附录）

《国家电网有限公司十八项电网重大反事故措施》（国家电网设备〔2018〕979号）

第三章　基　建　阶　段

第一节　施　工　阶　段

48. 高压电缆及通道工程在施工阶段，电缆敷设时应注意哪些要点？

答：

（1）电缆应从电缆盘的上端引出，不应使电缆在支架或地面上摩擦拖拉。

（2）机械敷设电缆应控制电缆牵引力和敷设速度，并在牵引头或钢丝网套与牵引钢缆之间装设防捻器。

（3）电缆的最小弯曲半径和转弯处的侧压力应符合要求。

（4）220kV 及以上电缆，应采用牵引机、输送机同步联动的方式进行电缆敷设。

（5）敷设时应设专人指挥，在关键点布置人员专人监视，确保现场通信联络畅通，并配置有可靠的紧急制动装置。

（6）在可能受到机械损伤的地方，电缆应有一定机械强度的保护管或加装保护罩。

（7）电力电缆在终端头与接头附近宜留有备用长度。

（8）交流单芯电缆穿越的闭合管、孔应采用非铁磁性材料。

命题依据：

《高压电缆及通道工程生产准备及验收工作审查要点》（运检二〔2017〕104号附录）

Q/GDW 1512—2014《电力电缆及通道运维规程》

49. 高压电缆及通道工程在施工阶段，控制电缆机械敷设牵引力和牵引速度应满足哪些要求?

答:

(1) 牵引头牵引线芯方式，铜芯不大于 $70N/mm^2$，铝芯不大于 $40N/mm^2$；钢丝网罩牵引金属护套方式，铅套不大于 $7N/mm^2$，铝套不大于 $40N/mm^2$；机械牵引采用牵引头或钢丝网套，牵引外护套时，最大牵引力不大于 $7N/mm^2$。

(2) 机械敷设电缆的速度不宜超过 15m/min，110kV 及以上电缆或在较复杂路径上敷设时，其速度应适当放慢，不宜超过 6～7m/min。

命题依据:

《高压电缆及通道工程生产准备及验收工作审查要点》(运检二〔2017〕104号附录)

50. 使用输送机敷设电缆时，输送速度过快会导致哪些问题的发生?

答:

(1) 电力电缆容易脱出滑轮。

(2) 造成侧压力过大损伤电力电缆外护套，如使外护套起纹等。

(3) 使外护套和内部绝缘产生滑动，破坏电力电缆整体结构。

命题依据:

《电力电缆施工与运行技术》

51. 高压电缆及通道工程在施工阶段，转弯处的侧压力应符合哪些要求?

答:

(1) 转弯处的侧压力应符合制造厂的规定。

(2) 无规定时在圆弧形滑板上不应大于 3kN/m。

(3) 在电缆路径弯曲部分有滚轮时，电缆在每只滚轮上所受的侧压力对无金属护套的挤包绝缘电缆为 1kN，对波纹铝护套电缆为 2kN，铅护套电缆为 0.5kN。

命题依据：

《高压电缆及通道工程生产准备及验收工作审查要点》（运检二〔2017〕104号附录）

52. 高压电缆及通道工程在施工阶段，电缆敷设时应在哪些关键点布置专人监视？

答：

（1）牵引机控制装置。

（2）电缆下盘处、入孔洞处。

（3）电缆卷扬机、输送机（同步）装置。

（4）排管（拉管）出入口。

（5）转弯处。

命题依据：

《高压电缆及通道工程生产准备及验收工作审查要点》（运检二〔2017〕104号附录）

53. 高压电缆及通道工程在施工阶段，对电缆刚性固定的位置有哪些要求？

答：

（1）水平敷设的电缆，在电缆首末两端及转弯处应刚性固定；当对电缆间距有要求时每隔5～10m处应刚性固定；电缆接头两端应刚性固定，每侧固定点不少于两处。

（2）垂直敷设或超过45°倾斜敷设时电缆刚性固定间距应不大于2m；电缆终端底座以下应有不小于1m的垂直段，且刚性固定应不少于2处。

（3）桥架敷设时，电缆刚性固定间距应不大于2m。

命题依据：

Q/GDW 1512—2014《电力电缆及通道运维规程》

54. 高压电缆及通道工程在施工阶段，在哪些地方电缆应有一定

机械强度的保护管或加装保护罩?

答:

(1) 在电缆进入建筑物、隧道，穿过楼板及墙壁处。

(2) 从沟道引至电杆、设备、墙外表面或屋内行人容易接近处、距地面高度 2m 以下的一段。

(3) 可能有载重设备移经电缆上面的区段及其他可能受到机械损伤的地方。

命题依据:

《高压电缆及通道工程生产准备及验收工作审查要点》(运检二〔2017〕104 号附录)

55. 高压电缆及通道工程在施工阶段，接地极、接地扁铁、电缆支架之间的焊接应满足哪些要求?

答:

(1) 接地极、接地扁铁、电缆支架之间的焊缝应满焊，并且焊缝高度及搭接焊缝长度应满足设计要求，一般焊缝高度不小于扁铁、角钢厚度，也不得小于 6mm。

(2) 90°垂直交叉的接地扁铁之间、接地扁铁与电缆支架之间搭接焊缝长度不得小于扁铁宽度，双面满焊；接地扁铁搭接长度不小于扁铁宽度的两倍，也不小于 10cm，搭接处三面满焊。

命题依据:

《高压电缆及通道工程生产准备及验收工作审查要点》(运检二〔2017〕104 号附录)

56. 高压电缆及通道工程在施工阶段，电缆接头的布置应满足哪些要求?

答:

(1) 并列敷设的电缆，其接头的位置宜相互错开。

(2) 电缆明敷时的接头，应用托板托置固定。

（3）直埋电缆接头盒外面应有防止机械损伤的保护盒（环氧树脂接头盒除外）。位于冻土层内的保护盒，盒内宜注以沥青。

命题依据：

GB 50168—2006《电缆线路施工及验收规范》

57. 什么是电缆接头坑？高压电缆及通道工程在施工阶段，电缆接头坑的位置和大小应满足哪些要求？

答：

（1）在安装电缆接头处，电缆土沟应加宽和加深，这一段沟称为接头坑。

（2）接头坑应避免设置在道路交叉口、有车辆进出的建筑物门口、电缆线路转弯处及地下管线密集处；位置应选择在电缆线路直线部分，与导管口的距离应在 3m 以上。

（3）接头坑的大小要能满足接头的操作需要。一般电缆接头坑宽度为电缆土沟宽度的 2～3 倍；接头坑深度要使接头保护盒与电缆有相同埋设深度；接头坑的长度需满足全部接头安装和接头外壳临时套在电缆上的一段直线距离需要。

命题依据：

《高压电缆及通道工程生产准备及验收工作审查要点》（运检二〔2017〕104 号附录）

58. 高压电缆及通道工程在施工阶段，固定电缆用的夹具、扎带、捆绳等部件应如何选取？

答：

（1）除交流单芯电力电缆外，可采用经防腐处理的扁钢制夹具、尼龙扎带或镀塑金属扎带。强腐蚀环境，应采用尼龙扎带或镀塑金属扎带。

（2）交流单芯电力电缆的刚性固定，宜采用符合设计机械强度的铝合金、阻燃工程塑料等不构成磁性闭合回路的夹具；其他固定方式，可采用尼龙扎带或绳索。

（3）不得用铁丝直接捆扎电缆。

命题依据：

《高压电缆及通道工程生产准备及验收工作审查要点》（运检二〔2017〕104号附录）

59. 高压电缆及通道工程在施工阶段，电缆蛇形敷设应满足哪些要求？

答：

（1）电缆蛇形敷设的每一节距部位，宜采取挠性固定；蛇形敷设转换成直线敷设的过渡部位，宜采取刚性固定，固定夹具紧握力应符合设计、厂家要求，一般不小于3kN。

（2）电缆蛇形敷设的参数选择，应保证电缆因温度变化产生的轴向热应力不致对电缆金属套长期使用产生应变疲劳断裂，且宜按允许拘束力条件确定。

（3）蛇形敷设的波形节距为4～6m，波形幅值为电缆外径的1～1.5倍。

命题依据：

《高压电缆及通道工程生产准备及验收工作审查要点》（运检二〔2017〕104号附录）

60. 高压电缆及通道工程在施工阶段，隧道及工井安全孔的设置应符合哪些规定？

答：

（1）沿隧道纵长不应少于2个，在城镇公共区域开挖式隧道的安全孔间距宜取200m左右，非开挖式隧道的安全孔间距宜根据施工条件、电缆敷设及通风、消防等综合考虑确定，隧道首末端无安全门时，宜在不大于5m处设置安全孔。

（2）位于公共区域的安全孔应使用防盗、防入侵装置。

（3）安全孔至少应有一处适合安装机具和设备的搬运，供人员出入的安全孔直径不得小于700mm。

（4）安全孔内应设爬梯，通向安全门应设笠步道或楼梯等设施。

（5）露出地面的安全孔，宜避开公共交通设施。

命题依据：

DL/T 5221—2016《城市电力电缆线路设计技术规定》

61. 高压电缆及通道工程在施工阶段，伸缩节的设置应满足哪些要求？

答：

（1）在35kV以上高压大截面电缆的终端、接头与电缆连接部位、长距离排管（拉管）与工作井衔接处、桥梁与其他通道衔接处等宜设置伸缩节。

（2）伸缩节应大于电缆容许弯曲半径，并应满足金属护层的应变不超出容许值 。未设置伸缩节的接头两侧，应采取刚性固定或在适当长度内电缆实施蛇形敷设。

命题依据：

《高压电缆及通道工程生产准备及验收工作审查要点》（运检二〔2017〕104号附录）

62. 高压电缆及通道工程在施工阶段，固定电缆在哪些情况需要加衬垫？

答：

（1）护层有绝缘要求的电缆，在固定处应加绝缘衬垫。

（2）裸铅（铝）护套电缆的固定处，应加软衬垫保护。

（3）电缆敷设于直流牵引的电气化铁道附近时，电缆与金属支持物之间宜设置绝缘衬垫。

命题依据：

《高压电缆及通道工程生产准备及验收工作审查要点》（运检二〔2017〕104号附录）

63. 高压电缆及通道工程在施工阶段，应在哪些位置安装标识和警示牌？

答：

（1）在电缆终端、电缆接头、拐弯处、夹层内、隧道及竖井的两端、工作井内等地方，应装设标识牌。

（2）在电缆终端塔（杆、T 接平台）、围栏、电缆通道等地方应装设警示牌。电缆通道的警示牌应在通道两侧对称设置，沿线每块警示牌设置间距一般不大于 50m，在转弯工作井、定向钻进拖拉管两侧工作井、接头工作井等电缆路径转弯处两侧宜增加埋设。

（3）在水底电缆敷设后，应设立永久性标识和警示牌。

命题依据：

Q/GDW 1512—2014《电力电缆及通道运维规程》

64. 高压电缆及通道工程在施工阶段，隧道的施工工法有哪些？选择原则是什么？

答：

（1）电缆隧道施工工法一般分为明挖法和暗挖法（顶管施工法、盾构施工法）两类。

（2）电缆隧道路径沿线施工范围内无障碍物时，宜采用明挖法；电缆隧道路径沿线施工范围内不具备明挖法施工条件时，可采用暗挖法（顶管施工法、盾构施工法）。采用暗挖法施工时，软质地基条件宜采用顶管施工法；软质地基、碎石或岩石状态为破碎时，宜采用盾构施工法。

命题依据：

Q/GDW 1864—2012《电缆通道设计导则》

第二节　附　件　安　装

65. 高压电缆附件安装的施工环境要求有哪些？

答：

（1）施工期间，应做好电缆和电缆附件的防潮、防尘、防外力损伤措施。

（2）在现场安装 110（66）kV 及以上电缆附件之前，其组装部件应试装配。

（3）安装现场的温度、湿度和清洁度应符合安装工艺要求，严禁在雨、雾、风沙等有严重污染的环境中安装电缆附件。

命题依据：

《国家电网有限公司十八项电网重大反事故措施》（国家电网设备〔2018〕979号）

66. 简述高压电缆户外终端安装工艺流程。

答：

（1）施工准备。

（2）切割电缆及电缆护套的处理。

（3）电缆加热校直处理。

（4）绝缘屏蔽及电缆绝缘的处理。

（5）安装应力锥。

（6）压接出线杆。

（7）安装套管及金具。

（8）接地与密封收尾处理。

（9）质量验评。

命题依据：

DL/T 344—2010《额定电压66kV～220kV交联聚乙烯绝缘电力电缆户外终端安装规程》

67. 简述高压电缆接头安装工艺流程。

答：

（1）施工准备。

（2）切割电缆及电缆护套的处理。

（3）电缆加热校直处理。

（4）绝缘屏蔽及电缆绝缘的处理。

（5）安装预制绝缘件。

（6）导体连接。

（7）带材绕包。

（8）接地与密封收尾处理。

（9）质量验评。

命题依据：

DL/T 342—2010《额定电压 66kV～220kV 交联聚乙烯绝缘电力电缆接头安装规程》

68. 高压电缆户外终端安装的施工准备包含哪些方面？

答：

（1）检查施工用工器具、施工用电源及照明、电缆、电缆附件材料是否符合要求。

（2）施工现场应具备安装工艺图纸、施工方案、施工组织设计、作业指导书等。

（3）终端支撑结构定位安装完毕，确保作业面水平。应检查支撑结构是否有足够的空间安装电缆尾管，支撑支柱绝缘子的上下表面应平行。

（4）需搭制临时脚手架，做好作业现场围护工作，并配备链条葫芦等起吊工具。

命题依据：

DL/T 344—2010《额定电压 66kV～220kV 交联聚乙烯绝缘电力电缆户外终端安装规程》

69. 高压电缆接头安装的施工准备包含哪些方面？

答：

（1）检查施工用工器具、施工用电源及照明、电缆、电缆附件材料是否符合要求。

（2）电缆接头安装现场作业指导书、附件装配图纸齐全。

（3）接头支架定位安装完毕，确保作业面水平。

命题依据：

DL/T 342—2010《额定电压 66kV～220kV 交联聚乙烯绝缘电力电缆接头安装规程》

70. 安装高压电缆附件前，应检查电缆符合哪些要求？

答：

（1）电缆绝缘状况良好，无受潮。电缆绝缘偏心度满足标准要求。

（2）电缆相位正确，外护层耐压试验合格。

命题依据：

DL/T 342—2010《额定电压 66kV～220kV 交联聚乙烯绝缘电力电缆接头安装规程》

DL/T 344—2010《额定电压 66kV～220kV 交联聚乙烯绝缘电力电缆户外终端安装规程》

71. 安装高压电缆附件前，应检查电缆附件材料符合哪些要求？

答：

（1）电缆附件型号、规格应与电缆相匹配。检查货箱在运输过程中是否有损伤。开箱时，按安装指导书中所附的材料清单核实各零部件，并检查是否在运输过程中受损伤。

（2）绝缘材料不应受潮。密封材料不得失效，壳体结构附件应预先组装，内壁清洁，结构尺寸符合工艺要求。

（3）各类消耗材料齐备。清洁绝缘表面的溶剂宜遵循工艺要求准备齐全。

（4）必要时，应进行附件试装配。

命题依据：

DL/T 342—2010《额定电压 66kV～220kV 交联聚乙烯绝缘电力电缆接头安装规程》

DL/T 344—2010《额定电压 66kV～220kV 交联聚乙烯绝缘电力电缆户外终端安装规程》

72. 安装高压电缆户外终端时，电缆固定有哪些工艺要求？

答：

（1）将电缆固定在电缆终端支架内，调整完毕后，用电缆夹具固定到安装支架上。确保终端底部离尾管 2m 内牢固地固定，且电缆固定点到终端底部尾管间电缆不得有弯曲。

（2）电缆终端安装电缆引下时，电缆弯曲半径不宜小于 20 倍电缆外径。

命题依据：

DL/T 344 2010《额定电压 66kV～220kV 交联聚乙烯绝缘电力电缆户外终端安装规程》

73. 安装高压电缆户外终端时，电缆切割有哪些工艺要求？

答：

（1）检查电缆长度，确保电缆在制作终端时有足够的长度和适当的余量。根据工艺图纸要求确定电缆最终切割位置后切断。

（2）在最终切割标记处沿电缆轴线垂直切断，要求导体切割断面平直。如果电缆截面较大，可先去除一定厚度电缆绝缘，直至适当位置后再沿电缆轴线垂直切断。

命题依据：

DL/T 344—2010《额定电压 66kV～220kV 交联聚乙烯绝缘电力电缆户外终端安装规程》

74. 高压安装电缆户外终端时，电缆护套处理有哪些工艺流程？

答：

（1）根据工艺图纸要求确定电缆外护层剥除位置，将剥除位置以上部分的电缆外护层剥除。如果电缆外护层附有涂敷石墨或挤包半导电层，则应将石墨或半导电层去除干净无残余，去除长度符合工艺要求。并用 2500V 绝缘摇表测量绝缘电阻，应不小于 50MΩ。

（2）根据工艺图纸要求确定金属套剥除位置，剥除金属套。

（3）金属套表面处理完毕后，应在工艺要求的部位进行搪底铅。

命题依据：

DL/T 344—2010《额定电压 66kV～220kV 交联聚乙烯绝缘电力电缆户外

终端安装规程》

75. 安装高压电缆户外终端时，剥除金属套有哪些工艺要求？

答：

（1）金属套切口深度必须严格控制，严禁损坏电缆绝缘屏蔽。

（2）断口应进行处理去除尖口及残余金属碎屑。

（3）切割后的金属套应扩张成喇叭口状。

命题依据：

DL/T 344—2010《额定电压 66kV～220kV 交联聚乙烯绝缘电力电缆户外终端安装规程》

76. 安装高压电缆户外终端时，搪底铅及接地线焊接有哪些工艺要求？

答：

（1）封铅应控制好温度与时间，不应伤及电缆绝缘。

（2）用钢丝刷或砂纸打磨铝套表面，用铝焊条打底，用镀锡扎线把若干根镀锡铜编织带扎在金属套上，最后用焊条焊接；对于全预制干式终端，可选择用焊条将接地瓦焊接在金属套上。焊接后，接触面与金属套端口缠绕 PVC 带加以保护，焊接时，应控制好温度，避免损伤电缆外屏蔽及绝缘。

命题依据：

DL/T 344—2010《额定电压 66kV～220kV 交联聚乙烯绝缘电力电缆户外终端安装规程》

77. 安装高压电缆接头时，切割电缆及电缆护套处理有哪些工艺流程？

答：

（1）先将电缆临时固定于运行位置，做好接头中心位置标记，再将电缆移至临时施工位置，并固定。

（2）检查电缆长度，确保在制作电缆接头时有足够的长度和适当的余量。

根据工艺图纸要求确定电缆最终切割位置。

(3) 根据工艺图纸要求确定的位置剥除电缆外护层后，将接头施工范围内的外护层表面半导电层处理干净。

(4) 根据工艺图纸要求确定金属套剥除位置，剥除金属套时应严格控制切口深度，严禁切口过深而损坏电缆内部结构，金属套断口应进行处理以去除尖口及残余金属碎屑。

命题依据：

DL/T 342—2010《额定电压66kV～220kV交联聚乙烯绝缘电力电缆接头安装规程》

78. 安装高压电缆户外终端时，电缆加热校直处理有哪些工艺要求？

答：

(1) 交联聚乙烯绝缘电缆终端安装前应进行加热校直，典型的带屏蔽网或波纹金属套的电缆都应在割除外护套和金属套之后进行加热校直。带有铅套和/或金属带的电缆可在剥除金属套之前加热校直，此类电缆如带有薄层外护套，可在剥除外护套前加热校直。加热时，应用软衬垫将电缆和加热带之间垫实。

(2) 通过加热校直后应达到下列工艺要求：每600mm长，弯曲偏移不大于2mm。

(3) 加热校直的温度（绝缘屏蔽处）宜控制在(75±2)℃，加热至以上温度后，保持4～6h，然后将电缆置于两笔直角钢（或木板）之间并适当夹紧，自然冷却至环境温度，冷却时间至少8h。

(4) 整个电缆加热校直处理过程中，电缆绝缘屏蔽上不应有任何凹痕。

命题依据：

DL/T 344—2010《额定电压66kV～220kV交联聚乙烯绝缘电力电缆户外终端安装规程》

79. 什么是电缆加热校直？目的是什么？

答：

（1）一种在电缆附件施工时，将电缆端部一定区域绕包加热带并按照规定的时间和温度加热后，固定在一平直的物体上自然冷却至环境温度，使电缆端部成为直线的工艺叫作电缆加热校直。

（2）电缆加热校直目的在于消除电缆生产和敷设过程中产生的机械应力，保证电缆和附件界面良好配合，也可减少电缆投运后因绝缘受热而导致的回缩。

命题依据：

DL/T 344—2010《额定电压 66kV～220kV 交联聚乙烯绝缘电力电缆户外终端安装规程》

80. 安装高压电缆附件时，绝缘处理有哪些工艺流程？

答：

（1）应按照供应商提供的装配图确定绝缘、绝缘屏蔽等安装尺寸。

（2）可用专用切削工具或玻璃去除电缆绝缘屏蔽。

（3）电缆绝缘表面应进行打磨抛光处理，先用粗砂纸，后用细砂纸打磨，直到打磨掉电缆主绝缘上所有的不平缺陷或凹痕。最后用细砂纸抛光电缆主绝缘表面。

（4）绝缘处理完毕，应用工艺规定的清洗剂清洁电缆，并及时用清洁的塑料薄膜覆盖绝缘表面，防止灰尘和其他污染物黏附。

命题依据：

DL/T 342—2010《额定电压 66kV～220kV 交联聚乙烯绝缘电力电缆接头安装规程》

DL/T 344—2010《额定电压 66kV～220kV 交联聚乙烯绝缘电力电缆户外终端安装规程》

81. 安装高压电缆附件时，去除电缆绝缘屏蔽有哪些工艺要求?

答:

(1) 不得在电缆主绝缘上留下刻痕或凹坑。

(2) 绝缘屏蔽与绝缘层间应形成光滑过渡，过渡部分锥形长度宜控制在20～40mm，绝缘屏蔽断口峰谷差宜按照工艺要求执行，如未注明宜控制在小于5mm。

(3) 如附件供应商另有工艺规定，应严格按照工艺指导书操作。

(4) 电缆绝缘处理前应测量电缆绝缘及电缆附件尺寸，确认上述尺寸是否符合工艺图纸要求。

命题依据:

DL/T 342—2010《额定电压66kV～220kV交联聚乙烯绝缘电力电缆接头安装规程》

DL/T 344—2010《额定电压66kV～220kV交联聚乙烯绝缘电力电缆户外终端安装规程》

82. 安装高压电缆附件时，电缆绝缘表面打磨抛光处理有哪些工艺要求?

答:

(1) 110kV以下应采用240～600号及以上砂纸，110kV及以上电缆应尽可能使用600号及以上砂纸，最低不应低于400号砂纸。初次打磨时可使用打磨机或240号砂纸进行粗抛，并按照由小至大的顺序选择砂纸进行打磨。打磨时每一号砂纸应从两个方向打磨10遍以上，直到上一号砂纸的痕迹消失。打磨过绝缘屏蔽的砂纸禁止再用来打磨电缆绝缘。

(2) 打磨抛光处理的重点部位是安装应力锥的部位，用砂纸打磨时应绝对避免半导电颗粒嵌入电缆主绝缘内，可以用PVC带在绝缘与绝缘屏蔽的过渡区半重叠绕包的方法防护。

(3) 如附件供应商另有抛光工艺要求，按工艺执行。

(4) 打磨处理完毕后应测量电缆绝缘外径。测量时至少选择三个测量点，每个测量点应在同一平面至少测两次，确保绝缘外径达到工艺图纸所规定的尺寸范围，测量完毕应再次打磨抛光测量点去除痕迹。

（5）打磨抛光处理完毕后，绝缘表面的粗糙度（目视检测）宜按照工艺要求执行，如未注明宜控制在：110kV 电压等级不大于 300μm，220kV 电压等级不大于 100μm，现场可用平行光源进行检查。

（6）必要时或供应商工艺规定时，可以用热气枪处理已经砂纸打磨的电缆绝缘层以获得更光滑的表面。

命题依据：

DL/T 342—2010《额定电压 66kV～220kV 交联聚乙烯绝缘电力电缆接头安装规程》

DL/T 344—2010《额定电压 66kV～220kV 交联聚乙烯绝缘电力电缆户外终端安装规程》

83. 安装高压电缆户外终端时，应力锥安装有哪些工艺流程？

答：

（1）安装应力锥前应确保电缆已经固定牢靠，保证安装应力锥时电缆不会上下移动。

（2）根据产品安装图纸的规定标记尺寸。

（3）确保应力锥内表面无任何污染物，应力锥的内表面应均匀涂抹必要的润滑剂。

（4）安装应力锥前应以正确的顺序把以后要装配的终端尾管、密封圈等部件套入电缆。

（5）套装应力锥时应做好应力锥内表面防护措施。

（6）用手工或专用工具套入应力锥，应力锥安装到位后应清除应力锥末端多余润滑剂。

（7）应做好相应的检查措施，确保电缆在应力锥安装过程中没有发生滑移。

命题依据：

DL/T 344—2010《额定电压 66kV～220kV 交联聚乙烯绝缘电力电缆户外

终端安装规程》

84. 安装高压电缆户外终端时，套管安装有哪些工艺流程？

答：

（1）套管安装前，应检查型号、尺寸、外观，清洁内外表面，去潮。终端绝缘套管与底座法兰应采用螺栓连接，螺栓力矩应依照制造厂规定。密封工艺到位。

（2）锥托、弹簧压紧装置，应按供应商要求安装。

（3）安装屏蔽罩并确保屏蔽罩密封圈到位。

命题依据：

DL/T 344—2010《额定电压 66kV～220kV 交联聚乙烯绝缘电力电缆户外终端安装规程》

85. 安装高压电缆接头时，安装预制绝缘件有哪些工艺要求？

答：

（1）保持电缆绝缘的干燥和清洁。

（2）施工过程中应避免损伤电缆绝缘。

（3）清除处理后的电缆绝缘表面上所有半导体材料的痕迹。

（4）涂抹硅脂和硅油时，应使用清洁的专用手套。

（5）在准备扩张时，方可打开预制橡胶绝缘件的外包装。

（6）在套入预制橡胶绝缘件之前应清洁粘在电缆绝缘表面上的灰尘或其他残留物，清洁方向应分别由绝缘层朝向绝缘屏蔽层和绝缘层朝向导体。

命题依据：

DL/T 342—2010《额定电压 66kV～220kV 交联聚乙烯绝缘电力电缆接头安装规程》

86. 安装高压电缆接头时，组合预制绝缘件接头安装技术要求有哪些？

答：

（1）检查弹簧紧固件和应力锥是否匹配。

（2）先套入弹簧紧固件，再安装应力锥。

（3）在电缆绝缘、绝缘屏蔽层和应力锥的内表面上应涂上硅油。

（4）安装完弹簧紧固件后，应保证弹簧压缩长度在工艺要求的范围内。

（5）检查弹簧所在螺栓是否有阻碍弹簧自由伸缩的部件。

命题依据：

DL/T 342—2010《额定电压 66kV～220kV 交联聚乙烯绝缘电力电缆接头安装规程》

87. 安装高压电缆接头时，整体预制绝缘件接头安装的扩张方式包括哪些？

答：

（1）扩张方式包括工厂预扩张与现场扩张。

（2）工厂预扩张是在工厂内将预制橡胶绝缘件扩张，内衬以塑料衬管，安装时将衬管抽出。

（3）现场扩张有机械扩张和氮气扩张两种方式，机械扩张是在干净无灰尘的环境下对预制橡胶绝缘件进行扩张，宜采用专用的机械扩张工具和专用衬垫进行扩张。安装时采用专用收缩工具或牵引工具将预制橡胶绝缘件抽出套在电缆绝缘上；氮气扩张通过专用的扩张工具，在电缆绝缘和预制橡胶件的界面冲入一定压强的高纯氮气，将预制橡胶绝缘件扩张。安装时，预制橡胶绝缘件就位后通过放气工具将界面的氮气排出。

命题依据：

DL/T 342—2010《额定电压 66kV～220kV 交联聚乙烯绝缘电力电缆接头安装规程》

88. 安装高压电缆接头时，整体预制绝缘件接头安装技术要求有哪些？

答：

（1）预制式接头要求交联聚乙烯绝缘的外径和预制橡胶绝缘件的内径之间

有满足工艺规定的过盈配合，安装预制绝缘件接头宜使用专用的扩张工具或牵引工具。

（2）机械扩张时，预制橡胶绝缘件经过扩张后套在专用衬管上的时间不应超过 4h。预制橡胶绝缘件的扩张必须在工艺要求的温度范围内进行。

（3）现场扩张方式采用的专用扩张工具和专用衬管必须用无水酒精或其他合适的溶剂仔细擦净，并用电吹风吹干。专用衬管的外表面应清洁而光滑无毛刺，专用衬管的使用次数宜按照工艺要求加以控制。

（4）扩张时宜按照工艺要求在预制橡胶绝缘件内表面及专用衬管外表面涂抹一定标号的硅油或硅脂以减少界面间的摩擦。

（5）经过扩张的预制件在套至电缆绝缘上之前应采用塑料薄膜与外界隔离，并注意在预制橡胶绝缘件扩张前后仔细检查预制件表面，预制橡胶绝缘件表面应无异物、无损坏且无进潮。

命题依据：

DL/T 342—2010《额定电压 66kV～220kV 交联聚乙烯绝缘电力电缆接头安装规程》

89. 安装高压电缆 GIS 终端时，湿式 GIS 终端安装的安装技术要求有哪些?

答：

（1）电缆导体处宜采用带材密封或模塑密封方式防止终端内的绝缘填充剂流入导体。

（2）应先套入密封底座，再安装应力锥。

（3）在电缆绝缘、绝缘屏蔽层和应力锥的内表面上应涂上硅脂。

（4）用手工或专用工具套入应力锥，应力锥安装到位后清除应力锥末端多余硅脂。

（5）检查空气腔的液面或压力箱的压力是否符合工艺要求。

命题依据：

DL/T 343—2010《额定电压 66kV～220kV 交联聚乙烯绝缘电力电缆 GIS

终端安装规程》

90. 安装高压电缆GIS终端时，插拔式GIS终端安装的安装技术要求有哪些?

答:

(1) 内锥环氧套管装入GIS电缆筒体后应安装封盖，以防止潮气或杂质进入。

(2) 电缆终端应对正内锥环氧套管轴线安装，避免终端前端的触头损伤环氧套管内壁。

(3) 电缆终端不宜多次插拔，不得超过附件制造商允许的插拔次数。

命题依据:

DL/T 342—2010《额定电压66kV～220kV交联聚乙烯绝缘电力电缆接头安装规程》

91. 安装高压电缆GIS终端时，安装套管有哪些工艺要求?

答:

(1) 用合适的溶剂将套管的内外表面清洁干净，检查套管内外表面，确认无杂质和污染物。

(2) 彻底清洁电缆，检查电缆绝缘表面及应力锥表面，确认无杂质和污染物后用手工或起吊工具把套管缓缓套入电缆，在套入过程中，套管不能碰撞应力锥。

(3) 应按照开关设备最终安装位置进行装配，如需移动电缆终端，不得扭转电缆终端进入开关设备。

(4) 安装密封圈应先清洁密封圈并均匀涂抹硅脂，将密封圈完全放入密封槽内。

命题依据:

DL/T 342—2010《额定电压66kV～220kV交联聚乙烯绝缘电力电缆接头安装规程》

92. 安装高压电缆 GIS 终端时，安装密封金具或屏蔽罩有哪些工艺要求?

答:

(1) 调整密封金具或屏蔽罩，使其上表面到开关设备与 GIS 终端分界面的长度满足要求。

(2) 检查开关设备导电杆与密封金具或屏蔽翠的螺栓孔位是否匹配，最终固定密封金具或屏蔽罩，确认固定力矩。

(3) 将尾管固定在套管上，确认固定力矩，确保电缆 GIS 终端与开关设备之间的密封质量。

命题依据:

DL/T 342—2010《额定电压 66kV～220kV 交联聚乙烯绝缘电力电缆接头安装规程》

93. 安装电缆接头时，导体连接前应做好哪些准备?

答:

(1) 将预制橡胶绝缘件、接头铜盒、热缩管材等部件按照工艺要求的顺序预先套入电缆。

(2) 确认同轴电缆连接方向正确，同轴电缆长度足够。

命题依据:

DL/T 342—2010《额定电压 66kV～220kV 交联聚乙烯绝缘电力电缆接头安装规程》

94. 安装高压电缆户外终端时，连接出线杆有哪些工艺流程?

答:

(1) 压接前，终端敞开部位应用塑料薄膜包扎好，防止异物进入终端内部。

(2) 应将导体内分隔层彻底清理干净，必要时可用金属刷子清理。

(3) 将出线杆套入电缆线芯，并在电缆线芯上做记号，以便压接时确定导电棒是否套入到位。

（4）用电缆导体对应规格压模压接导电棒。

（5）用锉或砂皮处理压接表面，去掉毛刺，可用锉刀倒去线芯锐角。

（6）用清洗剂清洗出线杆，不得留下金属碎屑。

命题依据：

DL/T 344-2010《额定电压66kV～220kV交联聚乙烯绝缘电力电缆户外终端安装规程》

95. 安装电缆接头时，采用围压压接法进行导体连接时的技术要求有哪些？

答：

（1）压接前，应检查核对连接金具和压接模具，选用合适的接线端子、压接模具和压接机；清除导体表面污迹和毛刺；检查两端电缆是否在一直线上；检查压接管的平直度。分割导体分块间的分隔纸（压接部分）宜在压接前去除。

（2）压接时导体插入长度应满足工艺要求。压接顺序可参照相关工艺要求。

（3）围压压接每压一次，在压模合拢到位后应停留10～15s，使压接部位金属塑性变形达到稳定。压接完成后，应确认接管延伸的长度符合工艺要求。

（4）在压接部位，围压形成的边应各自在同一个平面上。压缩比宜控制在15％～25％。

（5）围压压接后，应对压接部位进行处理。压接后连接金具表面应清洁和光滑处理。

命题依据：

DL/T 344—2010《额定电压66kV～220kV交联聚乙烯绝缘电力电缆户外终端安装规程》

96. 采用封铅方式进行接地或密封时，应满足哪些技术要求？

答：

（1）封铅应与电缆金属套和电缆附件的金属套管紧密连接，封铅致密性应良好，不应有杂质和气泡，且厚度不应小于12mm。

（2）封铅时不应损伤电缆绝缘，应掌握好加热温度，封铅操作时间应尽量缩短。

（3）圆周方向的封铅厚度应均匀，外形应光滑对称。

命题依据：

DL/T 342—2010《额定电压66kV～220kV交联聚乙烯绝缘电力电缆接头安装规程》

DL/T 344—2010《额定电压66kV～220kV交联聚乙烯绝缘电力电缆户外终端安装规程》

97. 安装高压电缆户外终端时，收尾工作应满足哪些技术要求？

答：

（1）安装终端接地箱/接地线时，接地线与接线端子的连接应采用机械压接方式，接地线端子与终端尾管接地铜排或接地瓦的连接宜采用螺栓连接方式。

（2）同一变电站内、同一终端塔上同类终端其接地线布置应统一，接地线排列应固定，终端尾管接地铜排或接地瓦的方向应统一，且为今后运行维护工作提供便利。

（3）采用带有绝缘层的接地线将终端尾管通过终端接地箱与电缆终端接地网相连，接地线的固定与走向应符合设计要求，且整齐、美观。

（4）终端引上电缆如需穿越楼板，应做好电缆孔洞的防火封堵措施。一般在安装完防火隔板后，可采用填充防火包、浇注无机防火堵料或包裹有机防火堵料等方式。终端金属尾管宜有绝缘措施，且接地线鼻子不应被包裹在上述防火封堵材料中。

（5）终端接地连接线应尽量短，连接线截面应满足系统单相接地电流通过时的热稳定要求，连接线的绝缘水平不得小于电缆外护层的绝缘水平。

命题依据：

DL/T 344—2010《额定电压66kV～220kV交联聚乙烯绝缘电力电缆户外终端安装规程》

98. 安装高压电缆接头时，收尾工作应满足哪些技术要求?

答：

（1）安装交叉互联换位箱及接地箱/接地线时，接地线与接线端子的连接应采用机械压接方式，接地端子与接头铜盒接地铜排的连接宜采用不锈钢或热镀锌防腐螺栓连接方式。

（2）同一线路同类接头其接地线或同轴电缆布置应统一，接地线排列及固定、同轴电缆的走向应统一，易于维护。

（3）电缆接头接地连接线应尽可能短。

命题依据：

DL/T 342—2010《额定电压 66kV～220kV 交联聚乙烯绝缘电力电缆接头安装规程》

99. 高压电缆附件的安装质量应满足哪些要求?

答：

（1）导体连接可靠。

（2）绝缘恢复满足设计要求。

（3）接地与密封牢靠。

（4）满足防火封堵要求，并与周边环境协调。

（5）安装时，电缆弯曲半径不应小于电缆外径的 20 倍。

命题依据：

DL/T 344—2010《额定电压 66kV～220kV 交联聚乙烯绝缘电力电缆户外终端安装规程》

DL/T 342—2010《额定电压 66kV～220kV 交联聚乙烯绝缘电力电缆接头安装规程》

100. 高压电缆附件安装完成后，质量验评应做好哪些工作?

答：

（1）应及时做好现场质量检查、报表填写工作。电缆附件施工验收应在施工过程中进行，应加强过程监控工作、质量抽检及最终附件验收工作。

（2）过程验收如采取抽检方式，抽样率宜大于50%。

（3）最终附件验收应包括资料和现场实物检查。资料应包括接头安装记录及质量评定记录、制造厂提供的产品合格证、试验证明及安装图纸等技术文件。现场实物检查应包括外观检查、附件固定、接地等。

命题依据：

DL/T 344—2010《额定电压66kV～220kV交联聚乙烯绝缘电力电缆户外终端安装规程》

DL/T 342—2010《额定电压66kV～220kV交联聚乙烯绝缘电力电缆接头安装规程》

第三节　验　收　阶　段

101. 高压电缆及通道工程生产准备工作包括哪些内容？验收工作包括哪些内容？

答：

（1）生产准备工作包括相关生产人员的组织、装备的配置、管理制度的编写等，220kV及以上电缆工程应编制专项生产准备方案。

（2）验收工作包括到货验收、验收方案编制和交底、隐蔽工程验收、土建验收和竣工验收。

命题依据：

《高压电缆及通道工程生产准备及验收工作指导意见》（运检二〔2017〕104号）

102. 高压电缆及通道工程在竣工验收前，生产准备人员要做好哪些工作？

答：

（1）沿线环境调查。

（2）外部隐患及可能危及线路人员安全的隐患信息排查。

（3）线路沿线属地化信息收集。

（4）施工遗留问题及隐患排查。

（5）形成资料、照片、问题清单、基础台账等完整材料。

命题依据：

《高压电缆及通道工程生产准备及验收工作指导意见》（运检二〔2017〕104号）

103. 高压电缆及通道工程在投运前，电缆运检部门应做好哪些工作？

答：

（1）配置相应的生产准备人员，指定设备主人，制定培训计划，组织开展生产准备人员培训。

（2）完成生产装备、安全工器具配置，提前收集设备信息、基础数据相关资料，建立设备基础台账（PMS台账），完成标识牌的制作安装，做好基建移交工器具与备品备件的接收。

命题依据：

《高压电缆及通道工程生产准备及验收工作指导意见》（运检二〔2017〕104号）

104. 高压电缆及通道工程到货验收应做好哪些工作？

答：

（1）设备到货后，运维单位应参与现场物资验收。

（2）重点检查设备外观、设备参数是否符合技术标准和现场运行条件，检查设备合格证、试验报告、专用工器具、设备安装与操作说明书、设备运行检修手册等是否齐全。

（3）对于首次中标的电缆敷设单位或附件厂家，运维单位应加强对厂家关键工艺的现场监督和质量把控，明确具体考核关键节点和需提供的技术资料。

命题依据：

《高压电缆及通道工程生产准备及验收工作指导意见》（运检二〔2017〕104号）

105. 高压电缆及通道工程隐蔽工程验收应做好哪些工作?

答:

(1) 电缆运检部门应不定期对施工现场进行检查。

(2) 现场应核查监理和施工单位关键工序的影像资料。

(3) 对检查过程中发现的问题，书面反馈并督促整改。

命题依据:

《高压电缆及通道工程生产准备及验收工作指导意见》(运检二〔2017〕104号)

106. 高压电缆及通道工程竣工验收包括哪些部分? 电缆运检部门、建设单位、监理单位应完成哪些工作?

答:

(1) 竣工验收应包括现场验收和资料验收。

(2) 电缆运检部门根据竣工验收方案和土建复检结果进行验收，缺陷清单以书面形式反馈至建设单位，并督促按期整改；再根据建设单位反馈的消缺闭环单，逐条复检，复检合格后，方可投入运行。

(3) 建设单位应提供相应的设计图、工程竣工完工报告和竣工图等书面资料，包括验收申请、施工总结、路径图、管位剖面图、具体结构图、隐蔽工程和附件关键工序影像资料、设计变更联系单等。

(4) 监理单位应提供相应的工程监理报告。

命题依据:

《高压电缆及通道工程生产准备及验收工作指导意见》(运检二〔2017〕104号)

107. 电缆及通道竣工图纸和路径图应满足哪些要求?

答:

(1) 电缆及通道竣工图纸和路径图，比例尺一般为1∶500，地下管线密集地段为1∶100，管线稀少地段，为1∶1000。在房屋内及变电站附近的路径用1∶50的比例尺绘制。

（2）平行敷设的电缆，应标明各条线路相对位置，并标明地下管线剖面图。

（3）电缆如采用特殊设计，应有相应的图纸和说明。

命题依据：

Q/GDW 1512—2014《电力电缆及通道运维规程》

108. 电缆敷设施工记录应包括哪些内容？电缆原始记录包括哪些内容？

答：

（1）电缆敷设施工记录应包括电缆敷设日期、天气状况、电缆检查记录、电缆生产厂家、电缆盘号、电缆敷设总长度及分段长度、施工单位、施工负责人等。

（2）电缆原始记录应包括长度、截面积、电压、型号、安装日期、电缆及附件生产厂家、设备参数，电缆及电缆附件的型号、编号、各种合格证书、出厂试验报告、结构尺寸、图纸等。

命题依据：

Q/GDW 1512—2014《电力电缆及通道运维规程》

109. 什么是电缆线路交接试验？项目包括哪些？

答：

（1）电缆线路交接试验是指电力电缆线路安装完成后，为了验证线路安装质量对电缆线路开展的各种试验。

（2）电缆线路交接试验项目包括电缆主绝缘及外护套绝缘电阻试验、主绝缘交流耐压试验、单芯电缆外护套直流耐压试验、电缆两端的相位检查、金属屏蔽（金属套）电阻和导体电阻比、采用交叉互联接地电缆线路的交叉互联系统试验和局部放电检测试验。

命题依据：

Q/GDW 11316—2014《电力电缆试验规程》

110. 电缆线路交接试验对主绝缘及外护套绝缘电阻测量有哪些要求?

答:

(1) 对电缆的主绝缘进行绝缘电阻测量时，应分别在每一相上进行。对一相进行试验或测量时，其他两相导体和金属屏蔽（金属套）一起接地。试验结束后应对被试电缆进行充分放电。

(2) 电缆主绝缘电阻测量应采用2500V及以上电压的绝缘电阻表，外护套绝缘电阻测量宜采用1000V绝缘电阻表。

(3) 耐压试验前后，绝缘电阻应无明显变化。电缆外护套绝缘电阻不低于0.5MΩ·km。

命题依据:

Q/GDW 11316—2014《电力电缆试验规程》

111. 电缆线路交接试验，对主绝缘交流耐压试验有哪些要求?

答:

(1) 对电缆的主绝缘进行耐压试验时，应分别在每一相上进行。对一相进行试验或测量时，其他两相导体和金属屏蔽（金属套）一起接地。试验结束后应对被试电缆进行充分放电。

(2) 对金属屏蔽（金属套）一端接地，另一端装有护层电压限制器的单芯电缆主绝缘作耐压试验时，应将护层电压保护器短接，使这一端的电缆金属屏蔽（金属套）临时接地。对于采用交叉互联接地的电缆线路，应将交叉互联箱作分相短接处理，并将护层电压保护器短接。

(3) 采用频率范围为20～300Hz的交流电压对电缆线路进行耐压试验，试验电压及耐受时间按试验规程要求。

命题依据:

Q/GDW 11316—2014《电力电缆试验规程》

112. 电缆线路交接试验，对主绝缘交流耐压试验的试验电压和时间是如何规定的？

答：

（1）对新投运线路或不超过 3 年的非新投运线路，35kV 以下试验电压 2.5（2）U_0，时间 5（60）min；35kV、110（66）kV 试验电压 $2U_0$，时间 60min；220kV 及以上试验电压 $1.7U_0$，时间 60min。

（2）对非新投运线路，35kV 以下试验电压 2（1.6）U_0，时间 5（60）min；35kV、110（66）kV 试验电压 $1.6U_0$，时间 60min；220kV 及以上试验电压 $1.36U_0$，时间 60min。

命题依据：

Q/GDW 11316—2014《电力电缆试验规程》

113. 电缆线路交接试验对外护套直流电压试验有哪些要求？对金属屏蔽（金属套）电阻与导体电阻比测量有哪些要求？

答：

（1）对单芯电缆外护套连同接头外保护层施加 10kV 直流电压，试验时间 1min。为了有效试验，外护套全部外表面应接地良好。

（2）结合其他连接设备一起，采用双臂电桥或其他方法，测量在相同温度下的回路金属屏蔽（金属套）和导体的直流电阻，并求取金属屏蔽（金属套）和导体电阻比，作为今后监测的基础数据。

命题依据：

Q/GDW 11316—2014《电力电缆试验规程》

114. 电缆线路交接试验，交叉互联系统试验项目包括哪些？

答：

（1）交叉互联系统对地绝缘的直流耐压试验。

（2）非线性电阻型护层电压限制器试验，包括非线性电阻片直流试验和非线性电阻片及其引线的对地绝缘电阻试验。

(3) 互联箱试验，包括连接片接触电阻和连接位置试验。

命题依据：

Q/GDW 11316—2014《电力电缆试验规程》

115. 电缆线路交接试验的交叉互联系统试验，对交叉互联系统对地绝缘的直流耐压试验有哪些要求？

答：

(1) 试验时必须事先将护层电压限制器断开，并在互联箱中将另一侧的三段电缆金属套全部接地，使绝缘接头的绝缘环部分也同时进行试验。

(2) 在每段电缆金属屏蔽（金属套）与地之间施加直流电压 10kV，加压时间 1min，交叉互联系统对地绝缘部分不应击穿。

命题依据：

Q/GDW 11316—2014《电力电缆试验规程》

116. 电缆线路交接试验的交叉互联系统试验，对护层电压限制器试验有哪些要求？

答：

(1) 对氧化锌电阻片施加直流参考电流后测量其压降，即直流参考电压，其值应在产品标准规定的范围之内。

(2) 非线性电阻片及其引线的对地绝缘电阻：将非线性电阻片的全部引线并联在一起与接地的外壳绝缘后，用 1000V 绝缘电阻表测量引线与外壳之间的绝缘电阻，其值不应小于 10MΩ。

命题依据：

Q/GDW 11316—2014《电力电缆试验规程》

117. 电缆线路交接试验的交叉互联系统试验，对连接片接触电阻和连接位置试验有哪些要求？

答：

(1) 接触电阻：本试验在完成护层电压限制器试验后进行。将连接片恢复到正常工作位置后，用双臂电桥测量连接片的接触电阻，其值不应大于 20μΩ。

(2) 连接片连接位置：本试验在其他交叉互联系统的试验合格后密封互联箱之前进行。连接位置应正确。如发现连接错误而重新连接后，则必须重测连接片的接触电阻。

命题依据：

Q/GDW 11316—2014《电力电缆试验规程》

118. 电缆线路交接试验对局部放电检测试验是如何要求的？

答：

(1) 对 35kV 及以下电缆线路，交接试验宜开展局部放电检测。

(2) 对 110 (66) kV 及以上电缆主绝缘应开展交流耐压试验，并应同时开展局部放电测量。试验结果作为投运资料移交运维单位。

命题依据：

Q/GDW 11316—2014《电力电缆试验规程》

《国家电网有限公司十八项电网重大反事故措施》(国家电网设备〔2018〕979 号)

第四章　运　行　阶　段

第一节　电缆及通道巡检

119. 电缆线路巡检时，电缆本体外观检查的内容有哪些?

答:

(1) 电缆是否有过度弯曲、过度拉伸、外部损伤等情况。

(2) 电缆抱箍、电缆夹具和电缆衬墊是否有锈蚀、破损、缺失、螺栓松动等情况。

(3) 电缆的蠕动变形，是否造成电缆本体与金属件、构筑物距离过近。

(4) 电缆防火设施是否有脱落、破损等情况。

命题依据:

Q/GDW 11262—2014《电力电缆及通道检修规程》

120. 电缆线路巡检时，电缆终端外观检查的内容有哪些?

答:

(1) 绝缘套管是否有破损、污秽，是否有明显放电痕迹、异味及异常响声，套管密封是否有漏油现象。

(2) 法兰盘尾管是否有渗油现象。

(3) 电缆终端是否有倾斜现象，引流线是否过紧。

(4) 支撑绝缘子是否有破损情况和龟裂现象。

(5) 电缆终端及附近是否有不满足安全距离的异物。

(6) GIS 套筒内是否有放电声响。

命题依据：

Q/GDW 1512—2014《电力电缆及通道运维规程》

Q/GDW 11262—2014《电力电缆及通道检修规程》

121. 电缆线路巡检时，电缆接头外观检查的内容有哪些？

答：

（1）是否浸水。

（2）外部是否有明显损伤及变形，环氧外壳密封是否存在内部密封胶向外渗漏现象。

（3）两侧伸缩节是否有明显变化。

（4）托架、夹具是否有偏移、锈蚀、破损、部件缺失等情况。

（5）防火设施是否完好。

命题依据：

Q/GDW 1512—2014《电力电缆及通道运维规程》

Q/GDW 11262—2014《电力电缆及通道检修规程》

122. 电缆线路巡检时，接地装置外观检查的内容有哪些？

答：

（1）接地箱箱体（含门、锁）是否缺失、损坏，基础是否牢固可靠。

（2）交叉互联换位是否正确，母排与接地箱外壳是否绝缘。

（3）主接地引线是否接地良好，焊接部位是否做防腐处理。

（4）接地类设备与接地箱接地母排及接地网是否连接可靠，是否松动、断开。

（5）同轴电缆、接地单芯引线或回流线是否缺失、受损。

命题依据：

Q/GDW 1512—2014《电力电缆及通道运维规程》

123. 电缆线路巡检时，工作井外观检查的内容有哪些？

答：

（1）接头工作井内是否长期存在积水现象。

（2）工作井是否有基础下沉、墙体坍塌、破损现象。

（3）盖板是否有缺失、破损、不平整现象。

（4）盖板是否压在电缆本体、接头或者配套辅助设施上。

（5）盖板是否影响行人、过往车辆安全。

命题依据：

Q/GDW 1512—2014《电力电缆及通道运维规程》

124. 电缆线路巡检时，隧道内部巡视检查的内容？

答：

（1）结构本体是否有形变，支架、爬梯、楼梯等附属设施及标识、标志是否完好。

（2）是否存在火灾、坍塌、盗窃、积水等隐患。

（3）是否存在温度超标、通风不良、杂物堆积等缺陷，缆线孔洞的封堵是否完好。

（4）电缆固定金具是否齐全，隧道内接地箱、交叉互联箱的固定、外观情况是否良好。

（5）机械通风、照明、排水、消防、通信、监控、测温等系统或设备是否运行正常，是否存在隐患和缺陷。

（6）测量并记录氧气和可燃、有害气体的成分和含量。

命题依据：

《国家电网公司电缆通道管理规范》（国家电网生〔2010〕637号）

125. 什么是电缆线路巡检试验？项目包括哪些？

答：

（1）电缆线路巡检试验是指为获得电缆线路状态量而定期进行的带电检测试验。

（2）电缆线路巡检试验包括红外检测和单芯电缆的金属屏蔽（金属套）接地电流检测。

命题依据：

Q/GDW 11316—2014《电力电缆试验规程》

126. 什么是红外检测的相对温差？

答：

（1）两个对应测点之间的温差与其中较热点的温升之比的百分数。

（2）$\Delta t=(\tau_1-\tau_2)/\tau_1=(T_1-T_2)/(T_1-T_0)$。公式中：$\tau_1$ 和 T_1 为发热点的温升，τ_2 和 T_2 为正常相对应点，T_0 为环境参照体的温度。

命题依据：

Q/GDW 11223—2014《高压电缆状态检测技术规范》

127. 电缆线路红外检测的检测装置、部位、周期和诊断判据如何规定？

答：

（1）检测装置：红外测温仪或便携式红外热像仪。

（2）检测部位：电缆终端、电缆接头、电缆分支处和接地线，以及交叉互联箱、接地箱。

（3）检测周期：新设备投运及 A、B 类检修后 1 个月内；330kV 及以上电缆线路 1 个月；220kV 电缆线路 3 个月；110kV（66kV）电缆线路 6 个月；35kV 及以下电缆线路 1 年。

（4）电缆导体或金属屏蔽（金属套）与外部金属连接的同部位相间温度差超过 6K，应加强监测并适当缩短检测周期，超过 10K，应停电检查；电缆终端、接头同部位相间温度差超过 2K，应加强监测并适当缩短检测周期，超过 4K，应停电检查。

命题依据：

Q/GDW 11316—2014《电力电缆试验规程》

Q/GDW 11223—2014《高压电缆状态检测技术规范》

128. 电缆线路红外检测应注意哪些问题?

答:

（1）红外检测时，电缆应带电运行，且运行时间应在 24 小时以上。

（2）检测宜在设备负荷高峰状态下进行，一般不低于 30%额定负荷。

（3）当电缆线路负荷较重（超过 50%）或必要时，应适当缩短检测周期。

（4）正确选择被测设备的辐射率（金属导体部位一般取 0.9、绝缘体部位一般取 0.92）。

（5）在安全距离允许的范围下，红外仪器宜尽量靠近被测设备。

命题依据:

Q/GDW 1512—2014《电力电缆及通道运维规程》

Q/GDW 11223—2014《高压电缆状态检测技术规范》

129. 电缆线路接地电流检测的检测装置、部位和周期，以及诊断判据是什么?

答:

（1）检测装置：在线监测装置或钳形电流表。

（2）检测部位：电缆终端、电缆接头、交叉互联线及接地线。

（3）接地电流测量周期：新设备投运、解体检修后 1 个月内；330kV 及以上电缆线路 1 个月；220kV 电缆线路 3 个月；110kV 电缆线路 6 个月；35kV 及以下电缆线路 1 年。

（4）接地电流绝对值超过 50A、或接地电流与负荷电流比值超过 20%、或单相接地电流最大值与最小值的比值超过 3，应加强监测并适当缩短检测周期；接地电流绝对值超过 100A、或接地电流与负荷电流比值超过 50%、或单相接地电流最大值与最小值的比值超过 5，应停电检查。

命题依据:

Q/GDW 11316—2014《电力电缆试验规程》

Q/GDW 11223—2014《高压电缆状态检测技术规范》

130. 电缆线路接地电流检测应注意哪些问题？

答：

（1）对电缆金属护层接地电流测量数据的分析，要结合电缆线路的负荷情况，综合分析金属护层接地电流异常的发展变化趋势。

（2）应对沿线各直接接地箱及其他屏蔽层直接接地装置进行分相测量。

（3）在每年大负荷来临之前以及大负荷过后，或者用电高峰前后，应加强对接地电流检测。

命题依据：

Q/GDW 11223—2014《高压电缆状态检测技术规范》

Q/GDW 1512—2014《电力电缆及通道运维规程》

131. 电缆线路接地电流检测，对钳形电流表的基本要求和现场检测方法是什么？

答：

（1）钳型电流表应携带方便、操作简单，测量精度高，交流电流测量分辨率达到 0.2A，测量结果重复性好；应具备多量程交流电流档；钳型电流表钳头开口直径应略大于接地线直径。

（2）检测前钳型电流表处于正确档位，量程由大至小调节；检测时应记录当时的负荷电流；记录接地电流异常互联段、缺陷部位、实际负荷、互联段内所有互联线、接地线的接地电流。

命题依据：

Q/GDW 11223—2014《高压电缆状态检测技术规范》

132. 什么是高压电缆状态检测、带电检测？

答：

（1）高压电缆状态检测是指利用红外热成像、局部放电、接地电流检测等专业无损检测技术手段，综合评估并诊断电力设备的运行状况、绝缘老化、工艺缺陷等潜伏性故障。

（2）一般采用便携式检测设备，在运行状态下，对设备状态量进行的现场检测，通常为带电短时间内检测，有别于长期连续的在线监测。

命题依据：

Q/GDW 11223—2014《高压电缆状态检测技术规范》

133. 电缆缺陷管理的内容有哪些？

答：

（1）运维单位应制定缺陷管理流程，对缺陷的上报、定性、处理和验收等环节实行闭环管理。

（2）根据对运行安全的影响程度和处理方式进行分类并记入生产管理系统。

（3）危急缺陷消除时间不得超过24h，严重缺陷应在30天内消除，一般缺陷可结合检修计划尽早消除，但应处于可控状态。

（4）电缆及通道带缺陷运行期间，运维单位应加强监视，必要时制定相应应急措施。

（5）运维单位应定期开展缺陷统计分析工作，及时掌握缺陷消除情况和缺陷产生的原因，采取有针对性相应措施。

命题依据：

Q/GDW 1512—2014《电力电缆及通道运维规程》

134. 什么是家族缺陷？是如何分级的？

答：

（1）经确认由于制造厂设计、材质、工艺等同一共性因素导致的设备缺陷或隐患称为家族缺陷。

（2）根据家族缺陷对人身、电网或设备的影响程度分为重大和一般两级。重大家族缺陷是指可能造成人身伤害、电网事故或设备损坏，需尽快治理的家族缺陷。一般家族缺陷是指对电网、设备安全运行暂不构成较大影响，可适时安排治理的家族缺陷。

命题依据：

《国家电网公司电力设施保护管理规定》（电网企管〔2014〕752号）

第二节 电缆及通道防护

135. 电力电缆保护区的范围是什么？

答：

（1）地下电力电缆保护区的宽度为地下电力电缆线路地面标桩两侧各0.75m所形成的两平行线内的区域。

（2）电缆终端和T接平台保护区根据电压等级参照架空电力线路保护区执行。

（3）江河电缆保护区的范围，敷设于二级及以上航道时，为线路两侧各100m所成的两平行线内的水域；敷设于三级及以下航道时，为线路两侧各50m所形成的两平行线内的水域。

（4）海底电缆管道保护区的范围，沿海宽阔海域为海底电缆管道两侧各500m；海湾等狭窄海域为海底电缆管道两侧各100m；海港区内为海底电缆管道两侧各50m。

命题依据：

Q/GDW 1512—2014《电力电缆及通道运维规程》

136. 电力电缆保护区内禁止从事哪些行为？

答：

（1）在通道保护区内种植林木、堆放杂物、兴建建筑物和构筑物。

（2）未采取任何防护措施的情况下，电缆通道两侧各2m内的机械施工。

（3）直埋电缆两侧各50m以内，倾倒酸、碱、盐及其他有害化学物品。

（4）在水底电缆保护区内抛锚、拖锚、炸鱼、挖掘。

命题依据：

Q/GDW 1512—2014《电力电缆及通道运维规程》

137. 电缆线路运行阶段，应做好哪些防止绝缘击穿的措施？

答：

（1）运行部门应加强电缆线路负荷和温度的检（监）测，防止过负荷运行，多条并联的电缆应分别进行测量。巡视过程中应检测电缆附件、接地系统等关键接点的温度。

（2）严禁金属护层不接地运行。应严格按照试验规程对电缆金属护层的接地系统开展运行状态检测、试验。

（3）运行部门应开展电缆线路状态评价，对异常状态和严重状态的电缆线路应及时检修。

（4）应监视重载和重要电缆线路因运行温度变化产生的伸缩位移，出现异常应及时处理。

（5）电缆线路发生运行故障后，应检查全线接地系统是否受损，发现问题应及时修复。

（6）人员密集区域或有防爆要求场所的瓷套终端应更换为复合套管终端。

命题依据：

《国家电网有限公司十八项电网重大反事故措施》（国家电网设备〔2018〕979 号）

138. 电缆线路运行阶段，应做好哪些防止电缆火灾的措施？

答：

（1）电缆密集区域的在役接头应加装防火槽盒或采取其他防火隔离措施。输配电电缆同通道敷设应采取可靠的防火隔离措施。变电站夹层内在役接头应逐步移出，电力电缆切改或故障抢修时，应将接头布置在站外的电缆通道内。

（2）运维部门应保持电缆通道、夹层整洁、畅通，消除各类火灾隐患，通道沿线及其内部、隧道通风口（亭）外部不得积存易燃、易爆物。

（3）电缆通道临近易燃、易爆或腐蚀性介质的存储容器、输送管道时，应加强监视并采取有效措施，防止其渗漏进入电缆通道，进而损害电缆或导致火灾。

（4）在电缆通道、夹层内使用的临时电源应满足绝缘、防火、防潮要求，并配置漏电保护器。工作人员撤离时应立即断开电源。

（5）在电缆通道、夹层内动火作业应办理动火工作票，并采取可靠的防火措施。

（6）严格按照运行规程规定对通道进行巡检，并检测电缆和接头运行温度。

（7）与 110（66）kV 及以上电压等级电缆线路共用隧道、电缆沟、综合管廊电力舱的中性点非有效接地方式的电力电缆线路，应开展中性点接地方式改造，或做好防火隔离措施并在发生接地故障时立即拉开故障线路。

命题依据：

《国家电网有限公司十八项电网重大反事故措施》（国家电网设备〔2018〕979 号）

139. 电缆线路运行阶段，应做好哪些防止外力破坏和设施被盗的措施？

答：

（1）电缆路径上应设立明显的警示标志，对可能发生外力破坏的区段应加强监视，并采取可靠的防护措施。

（2）工作井正下方的电缆，应采取防止坠落物体打击的保护措施。

（3）应监视电缆通道结构、周围土层和临近建筑物等的稳定性，发现异常应及时采取防护措施。

（4）敷设于公用通道中的电缆应制定专项管理和技术措施，并加强巡视检测。通道内所有电力电缆及光缆应明确设备归属及运维职责。

（5）对盗窃易发地区的电缆设施应加强巡视，接地箱（互联箱）、工作井盖等应采取相应的技防措施。退运报废电缆应随同配套工程同步清理。

命题依据：

《国家电网有限公司十八项电网重大反事故措施》（国家电网设备〔2018〕979 号）

第三节　电缆及通道检修

140. 什么是电缆及通道 A 类检修、B 类检修、C 类检修、D 类检修？

答：

（1）A 类检修是整体性的停电检修，包括电缆整条更换、电缆附件整批更换等。

（2）B 类检修是局部性的停电检修，包括电缆及附件部分更换、附属设备更换或修复等。

（3）C 类检修是常规性的停电检修，包括周期性维护、例行试验等。

（4）D 类检修是不停电检修，包括巡检、带电检测、通道缺陷处理等。

命题依据：

Q/GDW 11262—2014《电力电缆及通道检修规程》

141. 电缆及通道检修策略的一般要求有哪些？

答：

（1）电缆线路的状态检修策略既包括年度检修计划的制定，也包括缺陷处理、试验、不停电的维修和检查等。检修策略应根据设备状态评价的结果动态调整。

（2）年度检修计划每年至少修订一次。根据最近一次设备的状态评价结果，考虑设备风险评估因素，并参考制造厂家的要求确定下一次停电检修时间和检修类别。在安排检修计划时，应协调相关设备检修周期，统一安排、综合检修，避免重复停电。

（3）对于设备缺陷，根据缺陷性质，按照缺陷管理相关规定处理。同一设备存在多种缺陷，也应尽量安排在一次检修中处理，必要时，可调整检修类别。

（4）C 类检修正常周期宜与试验周期一致。不停电维护和试验根据实际情况安排。

命题依据：

Q/GDW 11262—2014《电力电缆及通道检修规程》

142. 由于接地线、封铅虚焊导致的电缆终端或接头局部发热应如何处理？

答：

（1）检查电缆主绝缘表面，无明显变化的，重新进行接地线焊接/封铅。

（2）若放电现象严重，电缆主绝缘出现变色、碳化等情况，切除电缆附件及受损电缆，重新安装电缆附件。

命题依据：

Q/GDW 11262—2014《电力电缆及通道检修规程》

143. 巡检发现电缆金属护层接地电流、感应电压异常时，常见原因有哪些？

答：

（1）电缆外护套破损严重导致接地。

（2）绝缘接头由于附件质量或安装等原因，成为直通接头。

（3）接地电缆缺失（如被盗割）。

（4）接地装置接地电阻偏大。

（5）电缆护层过电压限制器击穿。

（6）接地系统接线方式错误（如交叉互联换位错误）。

命题依据：

Q/GDW 11262—2014《电力电缆及通道检修规程》

144. 电缆外护套破损严重导致接地的故障，停电后应如何检修？

答：

（1）外护套故障找寻，找到故障点后将故障点及两侧100mm内电缆外护套用砂纸打毛，先后绕包绝缘带、防水带，然后用半导电带恢复外电极，最后绕包PVC带。

（2）修复后再次测量外护套绝缘电阻，并进行直流耐压试验，直流电压5kV，加压时间1min，不应击穿。

命题依据：

Q/GDW 11262—2014《电力电缆及通道检修规程》

145. 什么是电缆线路例行试验？项目包括哪些？

答：

（1）电缆线路例行试验是指为获得电缆线路状态量而定期进行的各种停电试验。

（2）电缆线路例行试验包括电缆主绝缘及外护套绝缘电阻试验、主绝缘交流耐压试验、接地电阻试验和交叉互联系统试验。

命题依据：

Q/GDW 11316—2014《电力电缆试验规程》

146. 电缆线路例行试验对主绝缘交流耐压试验的试验电压和时间、试验周期是如何规定的？

答：

（1）35kV以下电缆线路试验电压$2U_0$，时间5min；35kV、110（66）kV电缆线路试验电压$1.6U_0$，时间5min；220kV及以上电缆线路试验电压$1.36U_0$，时间60min。

（2）35kV及以下电缆线路必要时进行；110（66）kV及以上电缆线路新投运3年内开展一次，以后根据状态评价结果必要时进行。

命题依据：

Q/GDW 11316—2014《电力电缆试验规程》

147. 电缆线路例行试验，对接地电阻测试和交叉互联系统对地绝缘的直流耐压试验的结果是如何规定的？

答：

（1）电缆线路接地电阻测试结果应不大于10Ω。

（2）交叉互联系统对地绝缘的直流耐压试验：在每段电缆金属屏蔽（金属套）与地之间施加直流电压5kV，加压时间1min，交叉互联系统对地绝缘部分不应击穿。

命题依据：

Q/GDW 11316—2014《电力电缆试验规程》

第四节　电缆局部放电检测

148. 什么是电缆线路诊断性试验？项目包括哪些？

答：

（1）巡检、例行试验等发现电缆线路状态不良，或经受了不良工况，或受家族缺陷警示，或连续运行了较长时间，为进一步评估电缆线路状态进行的试验叫作电缆线路诊断性试验。

（2）电缆线路诊断性试验包括超声波检测、高频局部放电检测、特高频局部放电检测和振荡波局部放电检测。

命题依据：

Q/GDW 11316—2014《电力电缆试验规程》

149. 什么是高频局部放电检测？并说明其检测环境、检测装置和检测部位。

答：

（1）高频局部放电检测指对频率介于1～300MHz区间的局部放电信号进行采集、分析、判断的一种带电检测方法。

（2）检测环境温度－10～40℃；空气相对湿度不宜大于90%，不应在有雷、雨的环境下进行检测；在电缆设备上无各种外部作业；进行检测时应避免其他设备干扰源等带来的影响。

（3）采用在电缆终端、接头的交叉互联线、接地线等位置安装高频电流传感器（简称HFCT）、电容耦合传感器等进行局部放电检测。

命题依据：

Q/GDW 11316—2014《电力电缆试验规程》

Q/GDW 11223—2014《高压电缆状态检测技术规范》

150. 高压电缆状态检测对高频局部放电检测的周期是如何规定的?

答:

(1) 投运或大修后1个月内；投运3年内至少每年1次，3年后根据线路的实际情况，每3～5年1次，20年后根据电缆状态评估结果每1～3年1次；必要时。

(2) 当电缆线路负荷较重，或迎峰度夏期间应适当调整检测周期。

(3) 对运行环境差、设备陈旧及缺陷设备、要增加检测次数。

命题依据:

Q/GDW 11223—2014《高压电缆状态检测技术规范》

151. 高频局部放电检测的现场检测步骤有哪些?

答:

(1) 测试前检查测试环境，排除外界环境干扰，即排除与电缆有直接电气连接的设备（如变压器、GIS等）或空间的放电干扰。

(2) 将传感器（高频CT或其他传感器）安装于检测部位。

(3) 选择适合的频率范围，可采用仪器的推荐值。

(4) 对所有检测部位进行高频局部放电检测，在检测过程中保证高频传感器方向一致。

(5) 测量数据记录。

(6) 当检测到异常时，记录异常信号放电谱图、分类谱图以及频谱图，并给出初步分析判断结论。

命题依据:

Q/GDW 11316—2014《电力电缆试验规程》

152. 高频局部放电检测在某个测试点测试到异常信号时，查找局部放电源位置的分析步骤有哪些?

答:

(1) 根据相位图谱特征判断测量信号是否具备与电源信号相关性。如为疑似局部放电信号，继续以下步骤。

（2）根据异常信号的图谱特征尤其是信号频率分布情况判断信号源位置是在测试点附近还是远离测试点。

（3）对发现异常信号的测试点（接头）两边相邻的电缆附件进行测试，通过3个测试点的检测信号比较分析，如信号幅值、上升沿时间、频率分布等来判断信号源的位置来自哪一侧方向。

（4）对逐个中间接头测试，找到离局部放电源位置最近的电缆附件，然后通过分析该电缆附件检测到的波形特征、频率分布、反射波时间等信息初步综合判断出局部放电源的位置。

（5）如需精确定位，可在信号源两边的电缆附件敷设光纤或综合应用超声波局部放电仪、示波器等其他方式进行。

命题依据：

Q/GDW 11223—2014《高压电缆状态检测技术规范》

Q/GDW 11316—2014《电力电缆试验规程》

153. 什么是超高频局部放电检测？并说明其检测环境、检测装置和检测部位。

答：

（1）超高频局部放电检测技术是指对频率介于100～3000MHz区间的局部放电信号进行采集、分析、判断的一种检测方法。

（2）检测目标及环境的温度宜在－10～40℃范围内；空气相对湿度不宜大于90%，不应在有雷、雨、雾、雪的环境下进行检测；室内检测避免气体放电灯对检测数据的影响；检测时应避免手机、照相机闪光灯、电焊等无线信号的干扰。

（3）超高频局部放电测试主要适用于电缆GIS终端的检测，利用超高频传感器（主要采用天线结构传感器）从GIS电缆终端环氧套管法兰处进行信号耦合。

命题依据：

Q/GDW 11316—2014《电力电缆试验规程》

Q/GDW 11223—2014《高压电缆状态检测技术规范》

154. 超高频局部放电检测的现场检测步骤有哪些?

答:

(1) 将传感器放置在电缆接头非金属封闭处，以减少金属对内部电磁波的屏蔽以及传感器与螺栓产生的外部静电干扰。

(2) 保持每次测试点的位置一致，以便于进行比较分析。

(3) 如检测到异常信号，则应在该接头进行多点检测比较，查找信号最大点的位置。

(4) 记录检测图谱。

(5) 当检测到异常时，记录异常信号放电谱图、分类谱图以及频谱图，并给出初步分析判断结论。

命题依据:

Q/GDW 11223—2014《高压电缆状态检测技术规范》

155. 超高频局部放电检测的分析步骤有哪些?

答:

(1) 首先根据相位图谱特征判断测量信号是否具备与电源信号相关性。若具备，继续以下步骤。

(2) 排除外界环境干扰，将传感器放置于电缆接头上检测信号与在空气中检测信号进行比较，若一致并且信号较小，则基本可判断为外部干扰；若不一样或变大，则需进一步检测判断（可综合利用超高频法典型干扰图谱、频谱仪和高速示波器等仪器和手段进行）。

(3) 检测相邻间隔的信号，根据各检测间隔的幅值大小（即信号衰减特性）初步定位局放部位。

(4) 必要时，可使用工具把传感器绑置于电缆接头处进行长时间检测，时间不少于15min，进一步分析峰值图形、放电速率图形和三维检测图形综合判断放电类型。

(5) 在条件具备时，综合应用超声波局放仪等仪器进行精确的定位。

命题依据：

Q/GDW 11223—2014《高压电缆状态检测技术规范》

Q/GDW 11316—2014《电力电缆试验规程》

156. 什么是超声波局部放电检测？并说明其检测环境、检测装置和检测部位。

答：

（1）指对频率介于20～200kHz区间的声信号进行采集、分析、判断的一种检测方法。根据传感器与被试样品是否接触，超声波检测分为接触式检测和非接触式检测。

（2）检测目标及环境的温度宜在－10～40℃范围内，空气相对湿度不宜大于90%，若在室外不应在有雷、雨、雾、雪的环境下进行检测。

（3）超声波局部放电检测一般通过接触式超声波探头，在电缆终端套管、尾管以及GIS外壳等部位进行检测。测试点的选取务必注意带电设备安全距离并保持每次测试点的位置一致，以便于进行比较分析。

命题依据：

Q/GDW 11316—2014《电力电缆试验规程》

Q/GDW 11223—2014《高压电缆状态检测技术规范》

157. 超声波局部放电检测的现场检测步骤有哪些？

答：

（1）测试前检查测试环境，排除干扰源。

（2）对检测部位进行接触或非接触式检测。检测过程中，传感器放置应避免摩擦，以减少摩擦产生的干扰。

（3）手动或自动选择全频段对测量点进行超声波检测。

（4）测量数据记录。记录异常信号所处的相别、位置，记录超声波检测仪显示的信号幅值、中心频率及带宽。

（5）若存在异常，则应进行多点检测，查找信号最大点的位置。

（6）记录测试位置、环境情况、超声波读数。

命题依据：

Q/GDW 11223—2014《高压电缆状态检测技术规范》

158. 什么是振荡波局部放电检测？并说明其检测环境和适用情况。

答：

（1）振荡波局部放电检测是指采用LCR阻尼振荡原理，由仪器高压直流电源对被试电缆充电至试验电压，关合高压开关，使仪器电抗、被试电缆电容和回路电阻构成LCR回路并发生阻尼振荡，在振荡电压作用下测量电缆内部潜在缺陷产生的局部放电。

（2）检测对象及环境的温度宜在－10～40℃范围内；空气相对湿度不宜大于90％，不应在有雷、雨、雾、雪环境下作业；试验端子要保持清洁；避免电焊、气体放电灯等强电磁信号干扰。

（3）振荡波局部放电测试适用于35kV及以下电缆线路的停电检测。

命题依据：

Q/GDW 11316—2014《电力电缆试验规程》

159. 振荡波局部放电检测的试验电压应满足哪些要求？

答：

（1）试验电压的波形连续8个周期内的电压峰值衰减不应大于50％。

（2）试验电压的频率应介于20～500Hz。

（3）试验电压的波形为连续两个半波峰值呈指数规律衰减的近似正弦波。

（4）在整个试验过程中，试验电压的测量值应保持在规定电压值的±3％以内。

命题依据：

Q/GDW 11316—2014《电力电缆试验规程》

160. 振荡波局部放电检测被试设备应满足哪些条件？对已投运的交联聚乙烯绝缘电缆，试验结果如何判别？

答：

（1）被测电缆本体及附件应当绝缘良好，存在故障的电缆不能进行测试。被测电缆的两端应与电网的其他设备断开连接，避雷器、电压互感器等附件需要拆除，电缆终端处的三相间需留有足够的安全距离。

（2）已投运的交联聚乙烯绝缘电缆最高试验电压 $1.7U_0$，接头局部放电超过 500pC、本体超过 300pC 应归为异常状态；终端超过 5000pC 时，应在带电情况下采用超声波、红外等手段进行状态监测。

命题依据：

Q/GDW 11316—2014《电力电缆试验规程》

161. 振荡波局部放电检测的现场检测步骤有哪些？

答：

（1）测试前电缆接地放电。

（2）测量电缆绝缘电阻，比较相间绝缘电阻的阻值和历史变化情况。

（3）正确输入电缆信息。

（4）正确连接测试电路，校对放电量。

（5）试验电压应逐渐升到 0.1、0.3、0.5、0.7、0.9、1.0、1.1、1.5、$1.7U_0$ 并保持一定的时间，依次进行局部放电测量。

（6）数据分析，生成测试报告。

命题依据：

Q/GDW 11223—2014《高压电缆状态检测技术规范》

第五节　电缆故障测寻

162. 电力电缆故障按故障性质可分为哪几种类型？电力电缆故障产生的原因主要包括哪几种？

答：

（1）电力电缆故障可分为五种类型：接地故障、短路故障、断线故障、闪络性故障、混合性故障。

（2）电力电缆故障产生的原因主要包括外力破坏原因、敷设施工原因、附件制作原因、电缆本体原因。

命题依据：

《国家电网公司生产技能人员职业能力培训专用教材　输电电缆》

《电力电缆故障测试方法与案例分析》

163. 什么是闪络性故障？

答：

（1）一般发生于电缆耐压试验击穿中，并多出现在电缆中间接头或终端头内。

（2）试验时绝缘被击穿，形成间隙性放电通道。当试验电压达到某一定值时，发生击穿放电；而当击穿后放电电压降至某一值时，绝缘又恢复而不发生击穿，这种故障称为开放性闪络故障。

（3）有时在特殊条件下，绝缘击穿后又恢复正常，即使提高试验电压，也不再击穿，这种故障称为封闭性闪络故障。

命题依据：

《国家电网公司生产技能人员职业能力培训专用教材　输电电缆》

164. 交联聚乙烯绝缘有哪几种击穿形式？设计电缆绝缘厚度应考虑哪些因素？

答：

（1）交联聚乙烯绝缘的击穿形式有电击穿、热击穿和电化学击穿（电老化）。

（2）制造工艺允许的最小厚度、电缆在制造和使用过程中承受的机械力、电缆在电力系统中所承受的电压因素。

命题依据：

《国家电网公司生产技能人员职业能力培训专用教材　输电电缆》

165. 简述交联聚乙烯绝缘热击穿的原理。

答：

（1）由于绝缘介质损耗的存在，交联聚乙烯绝缘介质在电场中会逐渐发热升温，温度的升高又会导致固体绝缘介质电阻下降，使电流进一步增大，损耗发热也随之增大。

（2）在绝缘介质不断发热升温的同时，也存在一个通过电极及其他介质向外不断散热的过程。当发热较散热快时，介质温度会不断升高，以致引起绝缘介质分解炭化，最终击穿。

命题依据：

《国家电网公司生产技能人员职业能力培训专用教材　输电电缆》

166. 电力电缆故障测寻的基本步骤有哪些？

答：

（1）进行电缆故障性质的诊断，确定故障类型及故障阻值。

（2）根据故障性质，选择适当的方法进行故障测距，粗测故障位置。

（3）根据故障性质和故障测距结果，选择适当的方法进行故障精确定点，找到故障位置。

命题依据：

《国家电网公司生产技能人员职业能力培训专用教材　输电电缆》

167. 电力电缆故障测距包括哪些方法？

答：

（1）电桥法。

（2）低压脉冲法（包括改良后的低压脉冲比较法）。

（3）高压脉冲法（又称闪络法），按照记录脉冲波形方式的不同可分为脉冲电压法和脉冲电流法，按照加压方式的不同可分为直流高压闪络（直闪）法和冲击高压闪络（冲闪）法。

（4）二次脉冲法（包括改良后的三次脉冲法）。

命题依据：

《国家电网公司生产技能人员职业能力培训专用教材　输电电缆》

168. 电力电缆故障精确定点包括哪些方法？

答：

（1）冲击放电声测法（简称声测法）。

（2）声磁信号同步接收定点法（简称声磁同步法）。

（3）音频感应法。

（4）跨步电压法。

命题依据：

《国家电网公司生产技能人员职业能力培训专用教材　输电电缆》

169. 电力电缆故障性质诊断的步骤有哪些？

答：

（1）将故障电缆两侧终端同其他相连设备断开，用绝缘电阻表测量各相线芯对地的绝缘电阻值以判断是否为接地故障，测量各相线芯间的绝缘电阻值以判断有无相间短路故障。

（2）当绝缘电阻表测得电阻为零时，用万用表测量各相线芯对地和各相线芯间的绝缘电阻值。

（3）将测量对端各相线芯短路（不接地），用万用表电阻挡测量各相线芯间的电阻值是否为零，以判断有无断线故障。

命题依据：

《国家电网公司生产技能人员职业能力培训专用教材　输电电缆》

《电力电缆故障测试方法与案例分析》

170. 如何根据电力电缆故障性质选择故障测距与定点方法？

答：

（1）断线故障：用低压脉冲法进行测距，用声测法或声磁同步法进行精确定点。

（2）低阻故障或短路故障：用低压脉冲法进行测距，用音频感应法或声磁同步法进行精确定点。

（3）高阻接地故障：用高压脉冲法或二次脉冲法进行测距，用声测法或声磁同步法进行精确定点。

命题依据：

Q/GDW 11262—2014《电力电缆及通道检修规程》

171. 低压脉冲法的测量原理和适用范围是什么？

答：

（1）由测量端向电缆中输入一个低压脉冲信号，以波速度 v 沿电缆传播，当遇到阻抗不匹配点（如断路点、低阻接地点、短路点或接头点）时产生反射脉冲，以同样的波速度 v 沿电缆返回测量端。

（2）主要用于测量电缆断线、短路和低阻接地故障的距离，还可用于测量电缆的长度、波速度和识别定位电缆的中间头、T形接头与终端头等。

命题依据：

《国家电网公司生产技能人员职业能力培训专用教材　输电电缆》

172. 低压脉冲法的波形如何理解？

答：

（1）开路故障的反射脉冲与发射脉冲极性相同。当电缆近距离开路，若仪器选择的测量范围为几倍的开路故障距离时，仪器就会显示多次反射波形，每个反射脉冲波形的极性都和发射脉冲相同。

（2）短路或低阻接地故障的反射波形与发射脉冲极性相反。当电缆发生近距离短路或低阻接地故障时，若仪器选择的测量范围为几倍的低阻短路故障距离时，仪器就会显示多次反射波形，其中第一、三等奇数次反射脉冲的极性与发射脉冲相反，而第二、四等偶数次反射脉冲的极性与发射脉冲相同。

命题依据：

《电力电缆故障测试方法与案例分析》

173. 高压脉冲法的测量原理和适用范围是什么?

答:

（1）高压脉冲法是一种无烧穿故障点的测距方法，利用直流高压或冲击高压击穿故障点形成闪络，利用闪络电弧对所加入电压形成短路反射，反射回波在输入端形成开路反射。其中脉冲电压法测量电压波在电缆中的来回反射时间，短路处负全反射，开路处正全反射；脉冲电流法测量电流波在电缆中的来回反射时间，短路处正全反射，开路处负全反射。这样电压在输入端和故障点之间将多次反射，直至能量消耗殆尽为止。

（2）适用范围广，短路、低阻接地、高阻接地、闪络故障、断线故障都可测量。

命题依据:

Q/GDW 11262—2014《电力电缆及通道检修规程》

174. 采用高压脉冲法测量时，直闪法和冲闪法如何选取?

答:

（1）当故障电阻极高，尚未形成稳定电阻通道之前，可选取直闪法进行测量，利用逐步升高的直流电压施于被测电缆，至一定电压值后使故障点击穿。

（2）当故障电阻降低，形成稳定电阻通道后，因设备容量所限，直流高压加不上去时，应改用冲闪法进行测试，通过放电球隙向电缆加冲击高压，使故障点击穿产生闪络。

命题依据:

Q/GDW 11262—2014《电力电缆及通道检修规程》

175. 简述二次脉冲法的测试原理?

答:

（1）用冲击发生器产生高能脉冲加到测试电缆上，在高阻故障点处产生闪络放电，在故障点起弧的瞬间通过内部装置触发，发射一低压脉冲，此脉冲在故障点闪络处（电弧的电阻值低）发生短路反射，并记忆在仪器中。

（2）电弧熄灭后，复发一测量脉冲通过故障处直达电缆末端并发生开路反射，比较两次低压脉冲波形，波形轨迹将在故障点处有明显的发散，从而判断出故障点（击穿点）位置。

命题依据：

Q/GDW 11262—2014《电力电缆及通道检修规程》

176. 使用二次脉冲法测寻故障需要满足哪些条件？

答：

（1）故障点处能在高电压的作用下发生弧光放电。

（2）测量装置能够对故障点加入延长弧光放电的能量。

（3）测距仪能在弧光放电的时间内发出并能接收到低压脉冲反射信号。

命题依据：

《国家电网公司生产技能人员职业能力培训专用教材输电电缆》

177. 电力电缆路径仪的基本功能特性有哪些？

答：

（1）探测电缆走向。

（2）探测电缆埋设深度。

（3）具有输出短路保护及指示功能。

命题依据：

DL/T 849.3—2011《电力设备专用测试仪器通用技术条件　第3部分：电缆路径仪》

178. 声测法的原理和适用范围是什么？

答：

（1）利用与冲击闪络法相同的高压设备，使故障点击穿放电。故障间隙放电时产生的机械振动传到地面，利用声电传感器检测，可以比较准确地对电缆故障点进行定位。

（2）一般除接地电阻特别低（小于 50Ω）的接地故障外都能适用。

命题依据：

Q/GDW 11262—2014《电力电缆及通道检修规程》

179. 感应法电力电缆故障仪有哪些用途？

答：

（1）寻找电缆路径。

（2）测量电缆埋置深度。

（3）寻找电缆接头位置。

（4）测量低压电阻接地故障。

（5）测量相间短路故障。

命题依据：

《11-048 职业技能鉴定指导书　电力电缆（第二版）》

180. 音频感应法的原理、适用范围及用途分别是什么？

答：

（1）音频感应法是给电缆芯通以音频电流，当音频电流通过故障点时，电流和磁场将发生变化，利用接收装置及音频信号放大设备听测或观察信号的变化，来确定故障点的具体位置。

（2）一般只适用于听测低阻相间短路故障，有时在特殊情况下能听测低阻的接地或断线故障。

（3）音频感应法可用于听测电缆埋设位置、深度及接头盒位置，有助于准确地找出电缆故障。

命题依据：

《11-048 职业技能鉴定指导书　电力电缆（第二版）》